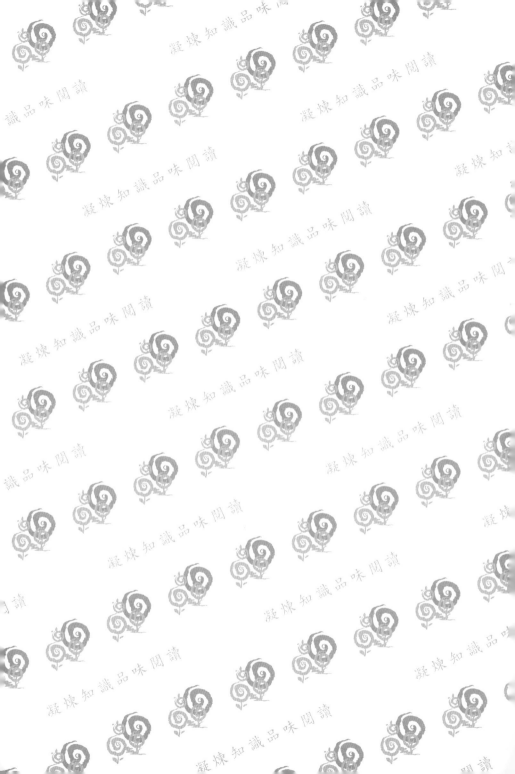

閱讀
科學

12

核能

核能的過去、現在與未來

關鍵報告

陳發林　著

全人類都必須面對的生存決擇

從核彈到核電，核能究竟何去何從？

是無盡的貪婪，還是極深的恐懼？

貫穿關鍵史料，探討問題核心

五南圖書出版公司 印行

✆ 推薦序1

　　陳發林教授是一位在機械領域學術表現非常傑出的學者。他的研究專長在流體力學與熱傳學，尤其在液動穩定問題的探討。其成就由所獲得的學術獎勵如國科會傑出獎、教育部學術獎及國家講座教授等可見一斑。他除了在學術理論研究外，對於實際應用課題亦多關注，例如他曾針對長隧道的通風、遭遇火災的熱擴散問題做了深入的探討，對於雪山隧道設計的改善提出許多學理分析的數據。他亦曾擔任工研院能源暨資源研究所所長、又曾擔任國家能源發展計畫總辦公室執行祕書，對於能源問題涉獵甚深且廣，此應為其撰寫此書的原因之一。

　　半年多前，他跟我提及正擬撰寫科學發展史方面的書，我亦贊同之，並和他討論一些觀點。令我驚訝的，他在短短數月中完成了有關核能發展中的關鍵人物與事件史料的搜集與撰述，所論述之內容既豐富又生動，誠為一難得之作。依我看，此書至少有如下特點：

　　一曰脈絡清楚、要點突出。第一章講述所涉及自然哲學的早期，從源頭寫起，從古希臘亞里斯多德（Aristotle）的地心說，到文藝復興時期哥白尼（Copernicus）的日心說，第谷（Tycho）的天文觀測，刻卜勒（Kepler）的行星運動定律，伽利略（Galileo）的運動和落體理論，牛頓

（Newton）的萬有引力定律和運動定律，從而建立了力學，奠定了古典物理的基礎。其後法拉第（Faraday）發現電磁感應現象，馬克斯威爾（Maxwell）建構了完整的電磁動力學方程式；乃至近代物理（相對論、量子理論）誕生後所衍生的核子物理的過程，鋪張出核能由來的歷史。

第二章為核彈發展的歷程，從曼哈頓計畫開始，逐步講述計畫中的關鍵技術、日本遭受核彈二次大戰結束後所引發的核武競賽、到核武冷戰事件。第三章為核電發展史，從第一座核子反應爐的成功引起核電風潮，到幾次核災發生幾乎讓核電產業消失的轉折，再到各國核電政策的消長。第四章為後記，實則為探討臺灣核電發展問題，從臺灣核電發展歷史，到全球核電公投案例，引出臺灣的公投議題，最後預測核四的命運。全書可謂條理清楚，章目分明，再看每章之內皆能抓住關鍵做深入之評介，此乃精到之筆。

二曰具有新義。本書雖然為介紹核能發展歷史之人物與事件的匯集，但其講述之內容，具有可引領讀者進到反思的情懷，例如在第一些章闡述哥白尼公開發表太陽為宇宙中心的學說，駁斥留傳幾近兩千年的亞里斯多德和托勒密（Ptolemai）的地球為宇宙中心學說。這個創見最重要的意義在於讓天文學獨立於哲學之外，並拋開神的意志，人類可以用理性的態度了解宇宙和物理世界，結果促成人類修正對宇宙的觀念，對人類的貢獻極其偉大。誠如愛因斯坦在紀念哥氏逝世410週年紀念會所說的：「哥白尼不但奠定現代天文學的基礎，還促成人類對於宇宙觀念的改變。一旦地球不

再是宇宙中心，一旦地球只是一顆小行星，人類自詡的重要性就無法維持，因此哥白尼以他的成就和偉大的人格教導人類必須謙卑。」

第二章闡述一批科學家如愛因斯坦寫信給羅斯福總統，建議製造核彈以遏制納粹德國，於是啟動曼哈頓計畫。該計畫匯集了史上最優秀的人力與最龐大的物力，在短短的三年完成核彈的研製，並試爆成功，展現出人類驚人的集體創造力。三天內在日本的長島和長崎投下兩顆原子彈，其殺傷力無與倫比，讓日本決定投降而提早結束二次世界大戰，其成就固然拯救了許多軍人的生命，但卻平白多讓數十萬平民百姓傷亡。「二戰」後，其他國家如蘇、英、法、中等先後自行研製原子彈成功，打破了美國的核武壟斷，開啟了核武競賽的局面，尤其是美蘇之間。在這樣的處境下，人類打破了傳統上戰爭必有輸贏的觀念，動用核武器的戰爭，將是同歸一盡。由於這種心理上的震驚，從某種意義來縮說，核彈成了世界和平的重要因素。

第三章論述核電原本有著低到無法計價的電力成本，卻演變成各類規模不同的核災，以致造成社會大眾不安與環境浩劫之憂慮，而可能變成昂貴到無法計價的電力成本。作者在其序文指出「這種高污染、高危險的能源技術，顯然是二戰後倉促誕生的早產兒。我們相信，支撐人類文明發展的能源系統，絕不會也不應建構在這種不成熟且不文明的技術上。」這段話具有相當的震撼性，但還原歷史真相，也有幾分真實性。當蘇聯於1957年10月發射史波尼克一號人造衛

星時，艾森豪政府急於決定讓做為發電用的核子反應爐早日運轉——任何一種都好。儘管當時有幾種不同冷卻方式的設計被提出，而其中唯一最接近成熟的是已應用於核能潛艇的輕水原子爐，於是這種設計被火速擴大為商用規模並開始運轉，且導致更進一步的技術發展，而取代其他所有原子爐的設計。由此觀之，一項並不是最好的技術因為歷史上的偶然意外被選上了，並一直沿用，我們不禁懷疑，人類文明的發展過程中，到底發生過多少這種事？

最後，後記中很客觀地提出核四公投應澄清的四個疑慮議題，並做出評論。指出負責任的政府必須做的事。

《核能關鍵報告》這本書所論述的是攸關人類面對生存與發展非常重要的課題，我相信這本書的問世，對於大眾理解核電的本質問題有很大的幫助，使其在面對公投時之抉擇會有較理性的判斷，而非盲目的、意識形態的決定，是為本書的最大貢獻。

前行政院國家科學委員會主委、前國立成功大學校長

翁政義

✺ 推薦序2

　　由台灣大學應用力學研究所陳發林教授所撰寫的《核能關鍵報告》一書，共分三章，第一章對我而言，溫習了睽違已久的物理學發展史。個人的專業為地球科學，經常運用放射性定年的方式來探知岩石形成的時代，並分析岩樣放射性同位素比值來瞭解不同時代岩石間的演化過程，勾勒出地球表面億萬年間的變化，因此對於核子分裂的系統並不完全陌生，回味這些關鍵人物的相互關係及其對科學的投入，有無比的親切感。第二及第三章分別闡述核彈與核電的發展史，這是核子物理中核反應運用的一體兩面，殺人武器與能源提供的極端差別。致命武器的發展固然令人無法接受，但作為能源的提供者也不盡然受到歡迎，這兩面之間的相對關係由作者娓娓道來，也足以讓我們省思，人類享受天然核分裂帶來的好處（使地球不致冷卻太快）也該對人為核分裂的加工運用再予深入檢討。這項檢討最後引申到我們國家的重大議題，也就是本書「後記」中所涉及台灣本身對核電的使用該何去何從，以公投的方式來做最後的決定是否合適，從此書中已隱然得知核電廠的存廢只要一經公投就是關閉一途。

　　欲讓全體公民來決定一件事，前提是全民完全瞭解其中的內涵，不能直接瞭解的話，也應透過正確資訊的揭露，

由專業人士理性的辯論來提供思考的方向。本書至少從研究的面向說明全球所有核電廠的佈建，確為工業革命以來減緩全球升溫0.2℃，也就是拉下了目前升溫量的18%。相反的，核電廠導致的核災卻也如書中所舉各例為害人類甚鉅，台灣未來的討論主軸將是廢止核四廠正反兩面加諸本島所能承受程度的爭辯。然而問題並不這麼單純，即令核四廠不建了，仍有棘手的問題待解決，在核子工程人才後繼無人的情況下，核廢料（包括使用過的燃料棒及拆除使用過之核電廠爐心等）如何處理。這些劇毒的東西沒人肯幫你處理，再怎麼不情願自己造出來的垃圾也只有自己設法解決。儘管台灣的地球科學人員從諸多地震資料中發掘一些地帶，努力鑽研瞭解其地質構造及穩定性作為高階放射性物質的可能儲存場址，但是預料只要這種議題有所披露，就會落個胎死腹中的下場，原因是專業的議題常在尚未來的及有深度的評估及驗證之前，就先在未掌有充足資訊下的公眾輿論遭到封殺。科普教育的全面提升有助於專業議題的公眾思考，本書在這一面向也當會有其價值，我們歡迎在台灣多有類似的出版，提供客觀的資訊，作為思考公共議題有用的參考書。

前行政院國家科學委員會副主委、前國立臺灣大學副校長

陳正宏

ஐ 作者序

　　當愛因斯坦在1905年發表著名的質能互換公式$E=mc^2$，證實巨大能量可從原子中被釋放出來後，全球科學家隨即前仆後繼地追求擷取這能量的方法，其過程和結果均徹底改變了我們寄居其中的世界，其影響至今仍未有削減的跡象。循著這公式的內涵與啓發，人類製造出能瞬間產生毀滅性能量的核彈，誰能擁有核彈就能掌控人類存亡。因此，強國間在恐懼中瘋狂地進行核武競賽，在保證互相毀滅的威脅中，不平靜地度過二戰後維持近半個世紀的冷戰，直到1991年蘇維埃聯邦瓦解為止。時至今日，擁有核武仍是強國所必備，更是許多受壓迫國家的夢想，甚至連法國前總統薩科齊的第三任夫人布呂尼都説：她一生的目標就是要嫁給一位手中握有核子武器的男人。

　　美國以核彈結束二戰後，為延續其核武優勢，並創造就業機會以安頓在二戰期間投入核武研發的龐大人力與設備，艾森豪總統選擇在聯合國大會發表「核能之和平用途」宣言，開啓另一波的全球核子競賽，而這次的主角是核電。核電一推出，就以「便宜到無法計價」的優勢，風起雲湧地風行全球，以每年新蓋數十座核電廠的速度崛起。發展期間雖曾發生過許多核電廠輻射外洩事件，但其嚴重性到1979年美國三哩島核電廠、1986年蘇聯車諾比核電廠連續發生

爐心融毀事件後，才引起廣泛注意與深入檢討。2011年，日本福島核電廠發生史上規模最大的核災，讓各國政府再次徹底檢討核電政策。

這兩波核能風潮，核彈與核電，對人類文明所造成的負面影響，明顯地大於正面甚多。但引發這風潮的源頭 $E=mc^2$，卻是如此簡單且優美地被愛因斯坦揭露，這揭露過程中的關鍵事件與科技突破是如何發生的？為何這項優美而偉大的發現，卻會發展成兩波核能惡鬥？當我們逐步搜尋相關資料，回顧這科學的演變過程時，發現這思想竟源於在科學還被稱為自然哲學的古早時期。在當時，少數養尊處優的希臘貴族，於溫飽之餘長期觀測夜空星象，因而引起的一連串遐思與猜想：我們身處的世界是什麼？在天上的世界又是什麼？

本書將從兩千多年前的古希臘思想開講。在第一章中，我們以自然哲學發展的關鍵人物與其貢獻為主體，逐一論述建構這兩千多年思想主軸的人物與事件，讀者將會看到這些膾炙人口科學家的故事，和他們所貢獻人類的優美思想與結晶。在第二章中，我們將告訴讀者，研製一顆炸彈卻需動用有史以來最優秀的人力、最龐大的物力，配合最嚴格的研發和管理架構來執行，可見這計畫是何等困難、對人類歷史的演變是多麼重要。最後，整體計畫能奇蹟式地在3年內完成，清楚展現人類在毀滅邊緣的掙扎中，所能爆發的集體創造力是何等驚人。但另一方面，讀者也會發現，在核彈發展的事件上，愛因斯坦與多位科學菁英，卻在曼哈頓計畫

中被美國情報機構構陷入罪，是核武競賽的首批受害者；同時，我們也會揭露二戰後許多國家在核武競賽中，諸多爾虞我詐的鬥爭與間諜事件，其內容令人嘆為觀止。

在第三章中，我們將歷史焦點轉到核電。這原本被稱為核能之和平用途者，有著低到無法計價的電力成本，卻演變成規模不同的各類核災，造成諸多社會不安與環境浩劫。這在二戰後藉著發展核彈所衍生出來的發電技術，其燃料最多只能用5%就需丟棄，剩下的95%燃料是含有劇毒的輻射物質，至今仍無法有效安全處置。這種高危險、高污染的能源技術，顯然是二戰後倉促誕生的早產兒。我們相信，支撐人類文明發展的能源系統，絕不會也不應建構在這種不成熟且不文明的技術上。

最後，在本書初稿正完成之際，我們所寄居古稱福爾摩沙美麗島的台灣，執政的國民黨政府正要將第四座核電廠的存廢交由全國性公投決定。因這議題攸關這人口密集、工商發達國度之未來發展，所以我們也盡一份作為此國度公民之責，以本書所列諸多核電廠的歷史案例為根據，對這還沒成為歷史的事件做出我們的評論。

在1946年7月1日，美國時代週刊的封面把愛因斯坦的頭像和核彈爆炸的蕈狀雲放在一起，並在$E=mc^2$的公式旁加註「一切物質都是由速度和火焰構成」，這封面著實地反映當時人類對核能的憂慮。當我們回顧這兩波核能風潮的發展時，也清楚看到這憂慮至今仍深存人心。因我們所看到的歷史進程，並不是那種探索真理所應有的雄壯步伐，而是受人

類埋在深處的恐懼與天性的貪婪所驅動的隨機操演。所以，原本優美的科學真理以簡單的型態呈現在世人面前時，當下所引發的驚艷與讚嘆，不久就變成驚恐與嘆息。原子中所夾帶的能量被釋放出來後，人類並沒享受到潔淨且無限供應的能源，所帶來的卻是先有兩次毀滅性的屠殺，然後是未用完燃料所留下無盡的輻射。想到這裡，探索真理的喜悅已經全然消失，代之而起的是漠然的無奈與婉惜。我們希望本書所整理的歷史，可引領讀者進入一波反省的思緒，這不就是每本講述歷史書籍的使命嗎？

　　這是一本介紹歷史人物與事件的文字匯集。作者依照自己的認知，將可在公領域找到的資料彙整成文，每則故事均以關鍵人物的思想貫穿，全文內容則由諸多故事建構而成。所參考的文獻資料繁多，大部分資料出自書後所列的延伸閱讀文獻；也有一些查閱自網路資料，唯因過於繁瑣而未逐一羅列。

陳發林 國立臺灣大學
2014年7月

◯ 感謝

　　愛因斯坦說，寫一本書要先從基本資料的建構開始，再尋求靈感把資料貫穿成文。我們即仿此邏輯撰寫本書，先確定整體故事的主軸人物與事件，再搜尋資料加以研讀篩選；經過幾次修整後，再著手進行事件陳述、人物臧否，必要時會加入關鍵原理之內涵與簡便方程式的說明。編寫過程自然免不了一再修改，有時還會依情緒起伏而大幅增刪。而愛因斯坦所說的靈感，當然是我們每次下筆前所必培養追求者。

　　在建構主軸人物與事件時，網路的功能顯得特別強大。當我們在網路上鍵入欲知之事，在地球某個角落已有人找到答案，並放在網路平台上與人分享。這以人類集體智慧所建構的知識網路所具「簡問速答」的功能，讓我們能迅速架設本書的故事邏輯。對這些在知識網路上貢獻心力的仁人志士，我們特別在此向他（她）們致敬。

　　本書涵蓋層面寬廣、牽涉資料繁多，所有章節的撰寫都是從資料蒐集與整理開始。而這部份工作，多虧筆者實驗室的幾位能幹聰慧的助理協助，才得以順利進行：如江政融在萬有引力和狹義相對論的學理推導、段憶祖對曼哈頓計畫的資料收集、張君儀和陳雅婷在核電廠資料之整理與原理圖說的重製、莊心瑋在核電關廠的案例分析和所整理的龐大資

料等，在此致上最誠摯感謝。

本書封面之球像是由陳彧（tycfoto）提供。這將洛杉磯城市夜景捲製成球型的照片，一方面可被看成一顆原子，點點亮光代表藏在原子中的能量，將在原子進行分裂過程中，從右下角的裂縫中被釋放出來。另一方面也可被看成地球，地表上的高聳建築代表人類文明，點點亮光代表能源的使用，右下角的裂縫則影射地球的爆裂（或文明的終結）可能與使用能源有關。

最後，筆者要特別感謝翁政義教授，並慶幸有這位博學多聞、樂於講古的恩師，在每次交談中常引用膾炙人口的科學故事來啟發治學與處事之道；無可諱言，筆者執寫本書之動機與文體之風格實受其影響至巨。本書完成初稿時，翁老師除對稿中多處未清楚說明或含不當推論的內容提出建議與指正外，還為本書撰寫序言，讓筆者心存恩感溢於言表。另外，筆者也要感謝陳正宏教授，他對筆者的持續鼓勵與溫馨問詢，也是讓筆者完成此書的不可或缺動力。

目錄

Chapter 1

科學的騷動：
不停的猜測與證實

希伯來聖經約伯記記載，上帝問正在受苦抱怨的約伯：你知道天的定律嗎？你知道如何引導北斗星和隨他的眾星嗎？可憐的約伯當然不知道，因當時研究宇宙星體運動的科學都還沒啟蒙。

　　這啟蒙應發生在兩千多年前，當科學還被稱為自然哲學的時候，人們已經開始觀察星體運行的自然現象，但還談不上實驗探索或原理建構。然而，經過幾千年的發展，人們因對夜空滿天星斗的好奇所引發對宇宙的研究，至今已成為一門探索宇宙起源和滅亡的偉大科學。

　　這偉大的科學，最早可說是從亞里斯多德的「地心說」（宇宙以地球為中心運行）開始，然後是托勒密、哥白尼、刻卜勒、伽利略等人探索天體運行的規律，逐漸將地心說修正成「日心論」（宇宙以太陽為中心運行），前後歷經近兩千年。然後，牛頓受刻卜勒和伽利略的啟發而建立萬有引力定律，以嚴謹的學理規範地表物體和宇宙星體的運動規律；愛因斯坦受伽利略和麥克斯威爾的啟發而建立相對論，證實質量乃是一種能量、萬有引力乃是時空扭曲的結果。如今，全球物理學家卯足全力探索物質的基本構造，希望有朝一日能瞭解宇宙的起源、運作、甚至滅亡的機制與時間，在在都是想要一窺造物主創造萬物的奧秘，儼如聖經創世記所描述，早期人類建造通天巴別塔想要進駐天國的瘋狂。

　　以下我們以對這偉大科學有重大貢獻的人物為主軸，依

核能關鍵報告

發生的順序說明這門科學在時間軸上的演變。

神學與科學的辯論：地心說或日心論

　　最先對星體運動提出具體學說者，應是希臘哲學家亞里斯多德（Aristotel，384 - 322 BC）。他在42歲時應馬其頓國王菲力普二世之邀，擔任年僅14歲、後來繼承王位並建立一個橫跨亞、歐、非大帝國的亞歷山大的宮廷導師。亞里斯多德對這位深具天分的王子教導道德、政治及哲學知識，致亞歷山大始終對科學知識十分關心和器重。在亞里斯多德晚年，他即以帝王之尊提供豐厚的人力與財力，讓亞里斯多德得以聘用充足人力並完成諸多科學研究，生平著作超過170種，包括了植物學、動物學、物理學、化學、氣象學等，構成了人類第一部知識百科全書，其中的物理學更被公認是古希臘的最高科學成就。在星體研究上，亞里斯多德認為作用力是造成運動、產生速度的主因，因而較重物體的下墜速度會比較輕物體快；他進一步推論，我們所居住的「地」過於龐大，應不存在任何力量足以推動這地而產生運動。因此，他進一步從我們所看到的天空星體運動斷言：地球是宇宙中心，太陽、月亮和其他星體都是在不同直徑的同心球面上繞著地球運轉（圖1.1左）。

　　然而根據古文獻記載，比亞里斯多德更早的公元前4世

004

紀時，古希臘有位數學家歐多克索斯（Eudoxus of Cnidus，401-355BC）就已建構一個以地球為中心、其他星體在多層同心球軌道上繞行的宇宙體系。這地心體系後來被亞里士多德編入了他的宇宙觀而廣為流傳。但不久之後，古希臘幾何學家阿波羅尼斯（Apollonius Dyscolus，262-190BC）和喜帕哈斯（Hipparkhos，190-120BC）等人另行建構了「本輪模型」，他們認為行星在一些環繞地球作圓周運動的小圓上做運動，用以解釋行星多變的運行軌跡（圖1.1右），但這本輪模型到西元二世紀初才受到重視。當時在埃及亞歷山大圖

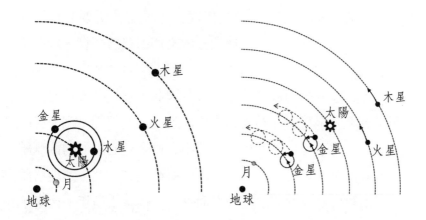

圖1.1　　（左圖）亞里斯多德的地心說示意圖：地球為宇宙的中心，所有天體均環繞著地球運行。（右圖）托勒密認所修正的地心說示意圖：地球固定不動，而行星分別以複雜的螺旋形軌道繞行地球。http://210.60.226.25/science/content/1981/00100142/images/60b.gif.

書館工作的托勒密（Claudius Ptolemaeus，90-168）透過對夜空星象的觀察，並整理過去數百年的天象觀測資料，發現有些行星移動路線不是圓周軌道，而會循原路線返回原處，與本輪模型相似。因此，他嘗試以數學方法解釋本輪模型，成功地解釋本輪理論中行星的逆行現象。托勒密總結了希臘古天文學的研究，寫成《天文學大成》（Almagest）十三卷，並編製了星表，說明對行星旋進和光線折射所需做的修正，提出日月食的計算方法等，對天文學貢獻卓著。後世遂將這體系冠上其名，稱為「托勒密地心體系」。直到刻卜勒的時代，《天文學大成》一直是天文學家必讀書籍。

地心說不僅是一種天文學說，也是當代重要的哲學與神學思想。因為神學家依據聖經內文作出錯誤解釋，神在宇宙中心安置地球這個人類居住的天體，所以地球應位於宇宙中心，其他天體則繞著地球運行。因此，這托勒密地心體系學說雖不完全符合托勒密的星象觀察結果，但卻是個完美的妥協，因他不但可以解釋當時「不太符合地心說」的觀測結果，最重要的是受當時的天主教會所歡迎。從此，這地心說因天主教會掌控歐洲政經大權而屹立不搖一千多年。後來，天文觀測的準確度愈來愈高，地心說所構成的體系逐漸與實際觀測結果產生不合。因此，天文學家把更多的本輪加到既有體繫上，以致本輪過多讓星體系統變得極度混亂。直到文藝復興時代，隨著觀測星象技術的進步，越來越多的證

據顯示地心說夾雜諸多矛盾。最後，哥白尼（Miko aj Ko-
pernik，1473-1543）於1543年勇敢地提出太陽才是宇宙的中
心，認為地球是繞著太陽公轉的行星之一，天體運動的真象
才逐漸被揭露（圖1.2右）。但哥白尼這可謂驚天動地的科學
告白，乃是經過一段痛苦和掙扎才公諸於世。

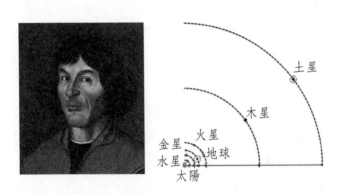

圖1.2　（左圖）哥白尼肖像。http://pl.wikipedia.org/wiki/
Miko%C5%82aj_Kopernik。（右圖）日心論示意圖。哥白尼認為包括
地球在內的其他星體皆是繞行太陽公轉。此圖之軌道半徑乃依實際比
例繪製，但星體尺寸則因過小而以圓點示意。

　　事實上，哥白尼不是第一位提出日心論的人。根據阿基
米德（Archimedes, 287-212 BC）的說法，希臘天文學家阿里
司塔庫司（Aristarchus of Samos, 310-230 BC）在西元前270
年，就發表了一篇被現今科學界認為是人類歷史上第一篇可
稱的上學術論文的研究成果，裡面計算了太陽和地球的大小

和二者間的距離，並推廣到整個太陽系大小之估計，同時提出地球和行星都是繞著太陽旋轉的學說，可說是歷史上第一個日心論。但這學說與當時盛行的亞里斯多德的地心說抵觸，因而在歐洲大陸不受歡迎，但卻在其他地區斷續被提出討論並修正。如西元499年，印度天文學家阿耶哈塔（Aryabharta, 476-550）在其所發表的曆書中，提出以太陽爲中心的太陽系模型；又如波斯學者比魯尼（Abu Rayhan Biruni, 973-1048）和卡茲維尼（Najm Al-Din al-Qazwini, ?-1276）也先後提出太陽爲中心的行星系統。但這類學說最後都因內容不嚴謹也不受重視而放棄，轉而屈就正統的地心說。

　　哥白尼的日心論早在1506年就開始構畫，他利用自製簡陋的儀器進行天文觀測，先後完成數十組觀測數據。歷經三十年的數據整理與分析，哥白尼終於在1536年完成了《天體運行論》一書以闡述日心論內容。但這書遲至1543年，哥白尼病危時才出版，因爲他知道這書一定會遭致各方，尤其是天主教會的強烈攻擊。所以，他在書序中特別將該書獻給當時的教宗保祿三世（Pope Paul III, 1468-1549），希望在教宗的庇護下，這書可以順利出版。除這篇序，書中還登有一篇奧西安德爾教士所寫的無署名前言，委婉拖詞書中的理論是一種人爲的設計（意指並非眞理），爲的是避免哥白尼遭受各方的可能攻擊。當年5月24日，垂危的哥白尼在病榻上看到從德國紐倫堡寄來的天體運行論樣書，他摸了摸封面就

與世長辭。

星體運動的研究並未因哥白尼的去世而停止，因為觀察星體運行並非純科學研究，其中更夾雜著占星術，讓各國皇室相當熱衷。其中，驕傲而聰明的丹麥貴族兼天文學家第谷（Tycho Brahe，1546-1601，因是貴族故稱其名）所做的貢獻最為顯著。第谷發現當代天文學者所繪製的星表五花八門、雜亂無章，欲改善這現象需做出一個完善的星表，因此必須執行長期星象觀測。他在丹麥皇室的資助下，於哥本哈根附近的文島（Hven）建造一座天文台，對夜空星象進行長期觀測，並利用其自行研發的四分儀（Quadrant）執行行星方位與路線的量測，建立了許多至今仍相當寶貴的星象圖表。他將部份研究成果整理成《論彗星》一書，內容強調靜止地球為宇宙中心，太陽圍繞地球作圓周運動，其他行星則圍繞太陽作圓周運動（類似圖1.1左之情形），是一種介於地心說與日心論之間的體系。

在第谷去世的前一年，他深具慧眼地雇用了身材矮小、具深度近視、健康情況也不佳的刻卜勒（Johannes Kepler, 1571-1630）（圖1.3上左）協助他執行觀察火星的工作，同時也替皇室占星卜卦。1601年第谷去世，離世前把自己所有的天文觀測資料贈予刻卜勒，要求他要繼續完成星表的製作，且將來完成的系統是採用第谷的學說，而不是哥白尼的。刻卜勒繼承了第谷實驗室所擁有的寶貴天文資料，將占

星的神秘狂熱和數學的冷靜思考結合，於1609年發表《新天文學》一書，書中說明他如何從第谷觀測火星軌道數據與圓周軌道間呈現0.02秒角度差距之問題出發，再從眾多數據歸納出行星運動兩大定律的過程。這影響後世物理學研究深遠的兩大定律是：（1）每個行星都循著以太陽為焦點的橢圓形軌道運行；（2）行星越靠近太陽，其運行速度越快，越遠則越慢；或說，行星在不同位置時，同一時段內所掃過徑向扇形面積相同（圖1.3下）。

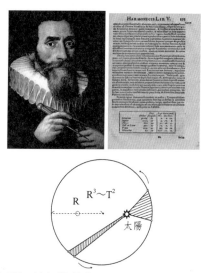

圖1.3　（上左圖）刻卜勒肖像http://en.wikipedia.org/wiki/Johannes_Kepler。（上右圖）《世界的和諧》書中第191頁，下面有刻卜勒計算六大行星數據之表。（下圖）刻卜勒第二定律：行星在不同位置的同一時段內，以太陽為焦點運行所掃過的逕向扇形面積相同；第三定律：行星繞行的週期（T）平方和橢圓軌道半長軸（R）立方成正比。

隨後十年，刻卜勒在戰火連天、窮苦潦倒的生活中，歷經小孩與夫人相繼過世之悲痛，仍不眠不休地整理第谷所遺留下來的一批與地球、水星、金星、火星、木星、土星等當時已知的六大行星相關的軌道數據。在刻卜勒的天體觀中，他堅信宇宙是一個和諧的整體，認為世間一切物體都有一定的和諧的數量關係。因此刻卜勒將這六大行星軌道的半長軸、半短軸、週期等數據，做互加、互減、互乘、互除、自乘、自除等不同的運算，最後發現了影響深遠的行星運動第三定律。此定律明確的指出：行星繞行的週期平方和橢圓軌道半長軸立方成正比。刻卜勒從這些數據發現宇宙星體的諸多現象是如此的和諧，宛若幾何或音樂般的美妙，他便將這些現象與發現一同寫入《世界的和諧》一書中（圖1.3上右）。

　　為更具體說明這偉大的發現，我們將刻卜勒計算所得最後數據，以現代的觀點還原如表1.1所示。在此表中，我們將地球繞太陽軌道的半長軸R定為1天文單位，公轉周期T則定為1地球年，以此換算其他五個行星的周期和距離，便得到表中所列數字。由表中數據可知，六大行星都合乎$T^2=R^3$之關係，證實了刻卜勒的行星運動第三定律。當我們查驗這六大行星之軌道特性時發現，火星軌道的離心率e頗大（0.093；圓形軌道的離心率為0，橢圓為1），較接近橢圓。若當時第谷要刻卜勒分析的數據不是火星，而是金星（離心

率只有0.007，接近圓形），則刻卜勒可能不會那麼快就發現
第一定律。

表1.1 刻卜勒行星運動第三定律之數據表。表中的半長軸以天文
單位(AU)度量，週期以地球年度量，表中數值都是與地球
數據相比之結果。

行星	半長軸R	週期T	軌道離心率e	R^2/T^3
水星	0.387	0.241	0.206	1.002
金星	0.723	0.615	0.007	1.002
地球	1.000	1.000	0.017	1.000
火星	1.524	1.881	0.093	1.000
木星	5.203	11.86	0.048	0.999
土星	9.539	29.46	0.056	1.000

資料來源：http://tx.liberal.ntu.edu.tw/~PurpleWoo/Literature/!%E6%95
%B8%E7%90%86%E5%8C%96%E9%80%9A%E4%BF%9
7%E6%BC%94%E7%BE%A9/23.html
https://archive.org/stream/ioanniskepplerih00kepl#page/192/mode/2up

　　與前兩大定律只做定性的原則描述不同，第三定律的
定量描述說明太陽與眾行星形成一極其嚴謹的力學系統，和
諧穩定地在宇宙中運行。雖然刻卜勒的三大定律充滿著神秘
主義、宗教狂熱和哲學思維，但他在行星運動研究的偉大
發現，對盛行近兩千年的地心說敲響了喪鐘，同時也成就
了牛頓萬有引力定律的建立。與萬有引力定律相比，在本質
上，刻卜勒定律是一種從龐大觀測數據整理歸納而得的「發

現」，嚴謹的科學論述要等到牛頓建立第二運動定律及萬有引力定律後，才由這兩定律推導而得。在內容上，刻卜勒定律描述的是行星圍繞太陽的運動，萬有引力定律則可算出星體間的作用力，並描述力與運動間的關係。萬有引力定律還可算出行星、彗星軌道可能呈拋物線運動或雙曲線運動，是刻卜勒定律所無法得到的結果。

科學的勝出：伽利略的告白

刻卜勒三大定律發表以後，天體運動成為人類研究力學的主流，而其核心問題卻是伽利略（Galileo Galilei, 1564-1642）（圖1.4上）所提出的：是什麼機制讓行星在橢圓軌道上繞行？伽利略是一位義大利的偉大思想家與科學家，他在星體運行和地表物體運動所建立的學說和思想，引出了牛頓的萬有引力學說，更成為愛因斯坦發展相對論的思想源頭。伽利略不只對自然的觀察入微，他更有一雙靈巧的手，曾以按脈計時量測單擺週期的規律性，也曾根據阿基米德以水比重判斷金純度的原理，設計出靜水天平用以量測物體密度，也曾將兩腳規與尺規結合成軍事用圓盤，用以計算擊中敵軍駐地所需的砲彈重量（圖1.4下左）。他在所著《運動論》中強調實驗與理論科學觀，乃是在複雜的自然現象中，尋找所存在的簡單因果關係。這觀念被牛頓和愛因斯坦發揚光大：

眞理的特徵就是簡單。

圖1.4　　（上左圖）近代科學之父伽利略的肖像。（上右圖）《對話》一書的封面。（下左圖）結合兩腳規和尺規功能的軍事用圓盤。（下右圖）20倍放大倍率的望遠鏡。

http://en.wikipedia.org/wiki/Galileo_Galilei

　　伽利略最偉大、也是影響最爲深遠的發明是一具折射望遠鏡（後稱爲伽利略望遠鏡，圖1.4下右），發明的時間正好是刻卜勒發表《新天文學》的1609年。第一具望遠鏡的眞正

發明人說法紛紜，一種說法是在1608年由荷蘭的鏡片製造商Hans Lippershey所作，另種說法的發明人為Zacharias Janssen或Jacob Metius。伽利略在1609年5月左右於威尼斯聽說了這項發明，隨即依據自己對光線折射的理解，將凸透物鏡和凹透目鏡組合成望遠鏡。隨後將這發明細節公諸於世，並聲稱獨立發明了這折射望遠鏡。從此以後，利用這原理所組合成的望遠鏡都稱為伽利略望遠鏡。

　　這段發生在1609年的故事，已被近代歷史學家所發現的一份伽利略在威尼斯的採購清單所證實。他在當時積極尋找適當的玻璃與球型研磨器（後來找到火砲鐵球）等相關材料，為的就是要製造不同焦距的凹凸透鏡。後來這具可放大9倍的折射望遠鏡被放在威尼斯馬可廣場中的高塔，人們透過它可清楚地遙望海面的船隻。後經幾次的改良，更發展成可放大20倍、用來觀測夜空星體運動的獨門儀器（圖1.4下右）。透過這具可用以偷窺宇宙奧秘的利器，伽利略發現銀河系是眾多星群的巨大集合，他也發現月亮並非完美的球形，其上山脈與低谷並列，一如地球。他也發現金星與月球一樣，也有盈虧不同的位相（自月朔、新月、凸月至滿月）。更有甚者，伽利略藉由不同倍數的觀察與計算，確認哥白尼所發現在木星附近的四顆新星，是圍繞木星運行的衛星。1611年，刻卜勒改用凸透鏡做目鏡，可放大視野並提高適眼焦距，但所見的影像則呈倒立。這種設計可增加放大倍

率，但同時也需要更高的凸鏡焦比，才能消除由物鏡所造成影像扭曲的問題。

伽利略的觀察在在證實哥白尼的日心論之種種內涵，同時也和亞里斯多德學派的地心說相悖。在種種證據的支持下，他用義大利文寫了《托勒密和哥白尼兩大世界體系的對話》一書（圖1.3上右，簡稱為《對話》），內容乃採用對話的形式，描述兩位支持哥白尼（或伽利略）觀點與一位支持托勒密（或亞里士多德）觀點等三人之間的論辯。對話內容則有系統地討論哥白尼日心論和托勒密地心說的各種分歧，並引用當時的力學知識論證了哥白尼體系的正確性和托勒密體系的謬誤點。最著名的一項力學見解，也是後來變得很重要的一項科學性思想：運動並不是一種變化，它並不會導致生長或毀滅。這見解後來成為力學哲學的一部分，推論地球不斷地運動乃是自然而成。

雖伽利略採中立立場撰寫對話內容，但終究還是偏向他自己的學術發現而對日心論較為偏好。這本書變成日後亞里斯多德學派透過羅馬天主教會對他進行控訴的論述重點。在1633年，伽利略因追隨哥白尼的日心論而被指控為異端邪說，最後被判終身軟禁，成為宗教迫害科學的著名歷史案件。距前次羅馬教廷燒死另一位哥白尼日心論的支持者、傑出且正直的義大利數學和哲學家布魯諾（Giordano Bruno，1548-1600）只有33年。1638年伽利略在監禁中雙目失明，

1642年與世長辭，他在物理學上的成就被後人譽為「近代科學之父」。而這《對話》的內容則變成西方科學發展史的知識寶庫，也是堅持知識勇氣以反抗無知仗勢的既得利益坐高位者的表率。

相對於伽利略所受的迫害，日心論的創始人哥白尼卻沒受到天主教會的迫害，其因有二：《天體運行論》一書出版時，哥白尼已經過世；該書乃用比較不通俗的拉丁文寫成，在當時社會並不流通。但哥白尼的日心論是促使伽利略深入研究天體運動的主要推力。當時的天體運動研究已逐漸由觀測天體，演變為以力學理論和觀測數據為基礎之科學研究，而伽利略就是這場轉變中的主角。伽利略在力學上的成就和他所建立科學推理邏輯，亦即將實驗、歸納、演繹等方法結合，用以建立等速直線運動的相對性和重力加速度的恆定性等，和他所提出的問題：是什麼機制讓行星在橢圓軌道上繞行？均是啓發英國科學家牛頓（Issac Newton, 1642-1726）（圖1.5左）研究萬有引力的源頭。這位天性木訥、思緒敏銳的數學天才在1642年伽利略逝世當年的聖誕節出生，18歲時進劍橋大學三一學院（Trinity College）就讀，27歲以在光學與數學研究上的成就，被授予劍橋大學盧卡斯（Henry Lucas）教授席位，62歲擔任倫敦皇家學會會長。

核能關鍵報告

圖1.5　（左圖）力學之父牛頓的肖像。（右圖）牛頓的著作：描述萬有引力定律的專書《自然哲學的數學原理》。
http://en.wikipedia.org/wiki/Isaac_Newton

萬有引力定律：質量與力量的關係

　　萬有引力學說的問世，要從1684年哈雷（Edmond Halley, 1656-1742）在倫敦咖啡館與朋友進行的一場星體運動的辯論講起。在這場辯論中，他和虎克（Robert Hooke, 1635-1703）對刻卜勒定律中所隱含的引力有不同的看法，雙方為證明自己所言為真，設下只有幾十先令的賭局。哈雷下賭時，心中相當篤定他勢必會贏，因為他確信牛頓應該知道答案。幾個月後，他親自到劍橋向牛頓解釋這問題：虎克以單擺模型為基礎來模擬星體間引力，推論引力與星體間距離

成反比；他則從刻卜勒第三定律的內容，亦即行星橢圓軌道半長軸的立方和軌道週期的平方成反比，來推導引力與距離的關係。刻卜勒第三定律是一項由大量觀測數據所理出的結論，當時整個定律還停留在簡單的描述，沒有嚴謹的數學推導。為避免繁瑣的數學，哈雷假設行星軌道為圓形，而非刻卜勒所說的橢圓形，得到與虎克不同的結論：引力與距離的平方成反比。後來哈雷進一步考慮橢圓軌道再做同樣的推導，但沒有結果。牛頓聽完哈雷的說明後，當下就說他早在二十年前就開始研究這問題，並已經有了答案，正如哈雷所預期。

當時，星體間具有引力只是科學界的猜測，這問題曾因1664年的慧星接近地球事件而引發歐洲科學界廣泛討論。最先被提出討論的議題是慧星的軌道形狀；刻卜勒認為是直線，但看起來像曲線乃因地球自轉之故；也有人認為是圓形或是橢圓形，但都只停留於假說，並無實驗或數學的證實。當時還是劍橋三一學院學生的牛頓，就以自己所發展的數學方法（後稱為微積分）結合引力學說，證明慧星的軌道是橢圓，且引力與距離的平方成反比。他還進一步論證：將星球的質量視為集中在球心上，就可解釋蘋果落地與月球繞地球運行，都是萬有引力造成的結果。

雖然牛頓當年推導萬有引力的論述，夾帶了許多幾何和微積分方面的推導與解釋，顯得相當艱澀且繁瑣。但若以現

在的數學來說明牛頓當時的推導，卻可以變得相當簡潔，以下是我們的嘗試。假設慧星繞行太陽是一封閉的圓周運動，其切線速度為v，軌道半徑為r，則其向心加速度與軌道週期T的關係可如下式所示：

$$g = \frac{v^2}{r} = \frac{(2\pi r/T)^2}{r} = \frac{r^3(2\pi/T)^2}{r^2}$$

當我們將上式由左算起的第三項，配合刻卜勒第三定律「T平方和r立方成反比」重組成第四項時，就可得向心加速度g與r平方成反比，這加速度和慧星質量的乘積就是加在慧星上的引力，故得結論：引力與距離平方成反比。牛頓因此證實哈雷所做的推測為真。

以現在物理學的說法，上式第四項的分子中，可將r立方和T平方的比值視為一常數，以代表該吸引慧星的物體（此處為太陽）的引力質量。這引力質量的觀念出自伽利略的重力實驗結果：位處相同高度的鉛球與羽毛，在沒有空氣阻力下自由落體，會在同一時間著地；此乃因兩個物體雖質量不同，但卻受同一引力質量（此處是地球）的吸引而產生相同的加速度，所以著地的時間相同。以牛頓的數學表示，這地球的引力加速度可寫成$g = \mu/r^2$，其中μ是正比於地球引力質量的函數。

牛頓的推導不止於此，他最終的目標是要得到兩物體間

引力的定律。故他假設任何物體都具引力質量，因此都會產生引力場。按照這個猜想，他運用微積分計算了由非常多小物體構成一個大球體的質量，再計算此球體與另一小物體間的引力關係，最後得出這兩物體間的引力正比於兩物體的質量，反比於兩物體中心點間距離的平方，恰如星體間的引力關係。

我們仍然以現在的微積分來推導這引力定律。首先，我們推導球體的引力加速度$g = \mu/r^2$的表示式。假設大球體是由無數層微分球殼組成，在球殼上位於某一方位角θ的環狀微分質量可寫成$dM = 2\sigma\pi R^2 \sin\theta d\theta$，其中M是球殼之總質量，$\sigma$是球殼之面積密度，R是球殼半徑。將這微分質量沿著整體球殼積分，即可得這球殼的引力加速度為GM/r^2，其中G是一項常數，代表引力和M/r^2間的比值。於是，整個球體的引力加速度即可由此式對整個球體積分而得。

因此，當我們假設這球體的總質量為M_1，另一物體之質量為M_2，則這兩個物體間的引力可寫成$F = G(M_1M_2)/r^2$。這公式就是著名的牛頓萬有引力定律，其中G是重力常數，當時還不知其數值，直到1797年才由英國劍橋大學教授凱文迪希（Henry Cavendish, 1731-1810）設計一套精密實驗，才得以準確量得$G = 6.67428 \times 10^{-11} \mathrm{m}^3 \ \mathrm{kg}^{-1} \ \mathrm{s}^{-2}$。

牛頓受蘋果落地現象啟發執行自由落體實驗，配合所量得的落體質量和落地過程的加速度，就可算出地表的引力加

速度g（約為9.8m/s）。只要有這引力加速度，不須事先求得重力常數G，就可應用萬有引力公式來計算地表上物體受地球引力作用的情形。換言之，在地表上，當忽略物體與地心的距離變化時，這萬有引力公式可簡化成F = Mg，便與伽利略重力觀念相符，後稱為牛頓第二運動定律。我們可以用萬有引力的這量值去度量「力」的大小；換言之，在已知物體的引力質量及其加速度時，便可度量出這個物體究竟受到了多少的「力」，這正是F = Mg的寫照。

事實上，牛頓在1666年就已經完成這萬有引力定律的推導，但一直沒有正式發表，乃因他當時錯估了地球直徑大小，故積分所得的地球引力質量並不正確，導致計算蘋果落地的時間與實驗值不符。這疑團一直到1682年，在牛頓取得法國科學家笛卡爾（René Descartes, 1596-1650）所測得地球半徑的精確值後，才得以煙消雲散。據說，當牛頓拿到笛卡爾的數據後，馬上代入蘋果落地的計算，所得結果出人意表的精確，讓他相當激動，久久不能平靜。

牛頓的萬有引力定律不只解釋了當時最熱門的慧星軌道問題，更清楚地解釋刻卜勒第三定律背後所隱藏的引力原理。同時，牛頓也將這定律演變成三大運動定律，成功地應用在許多日常生活中所碰到的力學現象，如物體碰撞、單擺運動、拋物體運動、空氣阻力作用、液體平衡、震波傳遞等。為了討好王室，牛頓也用萬有引力來解釋海洋的潮汐

乃是月球和地球間的萬有引力所致：面向月球的海面因萬有引力大於離心力而升高，背對月球的海面因離心力大於萬有引力也升高，故在一般情況下，地球的海面在一天內會有雙潮。牛頓的這些研究成果，均在1687年由皇家學會出版的《自然哲學與數學原理》一書中闡明（圖1.5右）。從此，素來雜亂粗疏的物理學研究，突然變的條理清晰、結構井然。

偉大的理論：嚴格的檢驗

這麼重要的引力原理，自然免不了要被嚴格檢驗。歷史上有幾次重要且大規模的檢驗值得一提。第一次檢驗是由法國法蘭西科學院在1735年執行。當時哈雷發現單擺的擺動速率在赤道比在倫敦慢、在山頂比在平地慢。若將這現象以萬有引力定律推論，地球在赤道的半徑應比在南北極大。爲證實此論點，法蘭西科學院先後派出兩隊科學家，分別前往赤道附近的秘魯和北極附近的拉普蘭（Lapland，挪威北方小鎮）做子午線的量測。三年後，兩地量測的數據指出，北極附近的子午線比赤道附近的子午線長，證實赤道半徑比南北極半徑長；易言之，地球像橘子一樣，是一扁平的球體。這是科學界第一次以大規模實驗，證實牛頓萬有引力的眞實性。

第二次的的驗證，是要證實哈雷在1705年以萬有引力

定律計算一顆慧星（後稱爲哈雷慧星）將要在1758年底或1759年初再次出現的預言。這次驗證是由法國科學家克萊羅（Alexis-Claude Clairaut, 1713-1765）於1757年開始執行一連串極爲冗長、歷經六個月的計算，將好幾顆行星對哈雷慧星可能造成的影響都考慮進去後，最後算出慧星將於1759年4月中旬出現，比實際出現日期3月14日只晚了一個月不到，再次證實牛頓萬有引力定律的可靠性。

隨後，又有多次天文界對萬有引力定律的嚴格檢視和再次的證實，譬如1782年由英國天文學家赫薛爾（William Herschel, 1738-1822）所發現的太陽系第七顆行星：天王星，和於1845年由法國數學家勒維耶（Urbain Jean Joseph Le Verrier, 1811-1877）所發現的第八顆行星：海王星，都是先由萬有引力定律的計算結果，預測該行星的軌道與出現時間，隨後才由望遠鏡觀測證實這兩顆行星的存在。在二十世紀的太空競賽中，1977年美國先後發射兩具航海家（Voyager）太空船連續進入木星、土星、天王星、海王星等行星軌道，1986年歐洲太空中心發射吉奧托（Giotto）太空船到接近哈雷慧星幾公里處，這些太空船所行經之路徑，都是根據萬有引力定律精確計算而得。

在牛頓力學被建立後的兩百多年間，萬有引力和三大運動定律被諸多科學家不斷地證實其準確無比的特性。從此，聰明的科學家不只可以測量包括地球等許多星球的質量，更

將運動定律應用在工程力學與設計上，衍生出影響人類物質文明發展的各類科學，如流體力學、固體力學、彈性力學、材料力學…等等。科學在牛頓力學的基礎上蓬勃發展，每一物理現象似乎都與牛頓所建立的力學運動圖像相當吻合。當十九世紀末，紐約布魯克林大橋和巴黎艾菲爾鐵塔等前所未見的巨型工程先後完工時，世人深深體認牛頓力學絕不是抽象的數學幻想，而是一項偉大的科學成就，對人類文明發展所造成的影響極端深遠。十九世紀末的觀察家甚至認為，後世物理學家所要做的，只不過是填補每項學科中不同的參數，即可完整建立這個看來已經極為美好的科學體系。但這猜想卻在剛進入二十世紀的當下，就被一位20歲出頭、腦中充滿時空幻象的物理天才愛因斯坦（Albert Einstein, 1879-1955）徹底打破。

相對論的啟蒙：電與磁的作用

打破牛頓力學體系的原動力，是為了回答牛頓所留下的一個問題：什麼是萬有引力？換成伽利略的話應是：兩個物體間為何會有作用力？牛頓建立萬有引力定律後，似乎對所獲的成就心滿意足，早把伽利略當年所提出的問題置於一旁，而這問題則被愛因斯坦透過建立一套驚天動地的嶄新學說「相對論」所解答。而這套嶄新學說的發展，要從一位

只有小學學歷的英國科學家法拉第（Michael Faraday, 1791-
1867）說起。

　　法拉第於1791年出生在倫敦南部的貧窮鐵匠之家，十四
歲就輟學作裝訂書本學徒。二十歲那年聽了當時的著名化學
家戴維（Humphry Davy, 1778-1829）演講後，將所做長達
百頁的筆記交給戴維，不久就被他聘為助理而進入科學界工
作。在戴維的實驗室工作期間，法拉第在電學與化學實驗上
做了很多重要貢獻，而最被後人所推崇的貢獻是他所建立的
電磁場學說。他應用簡單的銅線圈、磁鐵和指南針做實驗，
發現當一塊磁鐵在一組線圈中來回做相對運動時，線圈中
會產生電流；當在一條導線中通入電流時，導線周圍會產
生一個比地球磁力還大的磁場，讓指南針轉向。為了解釋為
何沒有直接接觸的線圈和磁鐵會有交互作用，法拉第引進了
「場」的觀念：移動的磁鐵在線圈中產生一個電場來推動電
流，通電的導線在其周圍產生一磁場來改變指南針方向，都
不須直接的碰觸就可互相作用，與萬有引力的現象相同。現
今影響人類文明相當深遠的兩項發明：發電機和馬達，都是
應用法拉第所發現這電與磁交互作用原理而生，而這些都是
他在49歲罹患失憶症之前的研究成果。

　　蘇格蘭物理學家麥克斯威爾（James Clerk Maxwell,
1831-1879）就是利用法拉第所建立的場觀念，並配合法拉
第的電磁實驗結果，組合高斯電定律、高斯磁定律、法拉第

磁感應定律和安培定律等四個方程式，另在安培定律中引入一項「位移電流」（或稱麥克斯威爾修正項），建立一套可以同時描述電場和磁場和二者間相互作用的方程組。這四個聯立方程式（後稱麥克斯威爾方程式），結合了原本只是獨自並靜態地描述電與磁現象的四個不相關方程式，不只能解釋法拉第實驗的電磁互動現象，更證實這互動所形成的電磁波是由電場和磁場垂直交互振盪所造成。同時，他也藉由這電磁交互作用關係，算出電磁波的速度正好是光前進的速度，其大小正是電場和磁場強度的比值。這套方程組被愛因斯坦稱為是「自萬有引力學說被建立以來，物理學最重要的理論」。電磁波的重要性要到1901年馬可尼（Guglielmo Marconi, 1874-1937）發明無線電通訊後才被廣泛的認知，目前大家所熟悉的無線電波、微波、紅外線、可見光、紫外線、X射線和γ射線等，都是電磁波的一種。電磁波的波長從數千公里到只有普朗克長度，其波譜是連續的、也是無限的；她在宇宙中無處不在，是一種充滿萬有的神奇現象。

相對論的主角：光速是宇宙常數

在麥克斯威爾方程式中，電場與磁場的傳遞速度可分別由 $\nabla^2 E = \mu\varepsilon(\partial^2 E/\partial t^2)$ 以及 $\nabla^2 B = \mu\varepsilon(\partial^2 B/\partial t^2)$ 兩方程式代表，其中E表電場強度、B表磁感應強度、μ表電常數、ε表磁常數。

將這方程式與波動方程式 $\nabla^2 f = (1/v^2)(\partial^2 f/\partial t^2)$ 比較後知,電場與磁場的傳遞速度為 $v = 1/\sqrt{\mu\varepsilon} \approx 3 \times 10^8$ m/s,此值正好與光速相同,依定義則是電磁波傳遞的速度。由麥克斯威爾的推導過程可知,其大小與發射磁場或電場的物體之移動速度無關。於是,愛因斯坦以此重要發現,認定電磁波的傳遞速度就是光速,並且不論觀測者如何運動,其所觀測的光速都是定值。

「光速在宇宙中是定值」這觀念是劃時代的創建。在這之前,光的速度多大?是否為大家公認的無限大?這些問題困擾眾多科學家甚久。牛頓解釋萬有引力定律時,就推論萬有引力可以在「瞬間」跨越非常遙遠的距離,兩物體立即感受到相互間的作用力,亦即重力傳遞速度(後稱重力波速)是無限大之意。但愛因斯坦修正了這個觀念,他認為兩物體之間的萬有引力是以光速傳遞。這推論若成立,就推翻了屹立不搖數百年,牛頓以絕對空間和絕對時間所推導出來的萬有引力學說(曾被實驗證實「極為正確」的理論)。

事實上,光的速度早在1676年時,就被星象學家羅默(Olaus Roemer, 1644-1710)估算過。羅默在觀測木星和其衛星的運動時,發現木星衛星的運動週期會因木星靠近地球而變短、因遠離地球而變長,這結果卻違反牛頓萬有引力定律。但羅默對牛頓的萬有引力定律的正確性深具信心,所以他認定木衛週期應不會改變。而所觀測的木衛週期有變化,

可能是因為地球與木星的距離太長，讓地球上的觀察者對木衛的位置產生視差，導致木衛在靠近和遠離地球時，其所發出的光要抵達地球所需的時間有所差異。羅默就利用這抵達時間的差異，配合地球與木衛間的不同距離，來計算光速；所得結果雖然誤差不小，但這卻是人類歷史上第一次估算光的速度。在數十年後，正確的光速值才由麥克斯威爾從其所建立的方程組中算出：299,792,458 m/s。

相對論的內涵：時空中的能量守恆

愛因斯坦是位不世天才（圖1.6），16歲就因反對當時物理學界的主流「乙太動力學理論」，而深入探討波茲曼的分子論和普朗克的量子觀，進而提出一套自己的想法和作法。於1905年，當時26歲的愛因斯坦還是瑞士專利局的一位三級技師，就在物理學中三個極不相同、對未來物理學發展極為重要的三個領域，即電學、量子力學和統計物理學，發表了六篇影響深遠的論文。其中，狹義相對論對後世的影響最為深遠，而發現狹義相對論的靈感是來自麥克斯威爾方程組所引出的現象：光的速度與光源的運動速度無關。所以他懷疑牛頓以絕對空間和絕對時間所建立的萬有引力定律一定存在著矛盾。

圖1.6　（左圖）1921年的愛因斯坦http://en.wikipedia.org/wiki/Albert_Einstein。（右圖）刊載狹義相對論全文的德國期刊「物理年度評論」的封面，該文載在891頁起共31頁。

　　為解決這矛盾，愛因斯坦將時間與三維空間融合成一時空座標系，並在其上推導狹義相對論。我們參考曼徹斯特大學物理系考克斯教授[1]（Brian Cox, 1968 -）在德國數學家閔考斯基（Hermann Minkowski, 1864-1909）所建立的簡化時空座標系中所做的推導，來解釋狹義相對論的內涵。在閔考斯基的座標系中，橫軸代表兩事件的距離x，縱軸代表兩事

1　B. Cox & J. Forshaw, Why Does E=MC2？(And Why Should We Care ?), Da Capo Press, 2009（中譯本：為什麼E＝MC2？時空探索、質量之源與希格斯粒子，李琪譯，貓頭鷹出版社）

件的時間ct（請注意，c為常數，也可以看作光速）。建立此時空體系需掌握三要素，即：(1)不變性，如動量守恆、角動量守恆、能量守恆等；(2)距離，必須考慮時空座標中兩個「事件的距離」，而不只是「空間的距離」，而任何觀察者所測量的「事件的距離」應該一致；(3)因果性，在任何觀察者的時間座標裡，「因」的時間點必定早於「果」的時間點。譬如，我投出一個棒球並打碎了某扇窗戶，那麼「我投出球（因）」的時間應先於「窗戶被擊碎（果）」的時間。

基於這時空三要素，以及光速恆定的要求，可將時空中兩事件的距離定義為 $\sqrt{(ct)^2 - x^2}$，其中c為光速、t和x分別為任意觀測者所測得的時間差以及空間中的距離。依照這定義，假設火車以定速v（相對地表）行駛，花了t秒鐘到達目的地。對火車上的乘客而言，火車在時空中所行走的距離為 $\sqrt{(ct)^2 - 0^2} = ct$（因為乘客和火車的距離為0）；而靜止在地表的觀察者認為，火車花了t'秒鐘抵達目的地，在時空中所行走的距離則為 $\sqrt{(ct')^2 - (vt')^2}$。在時空座標系中，這兩個事件的距離應該相同，於是有 $ct = \sqrt{(ct')^2 - (vt')^2} \Rightarrow t' = ct/\sqrt{c^2 - v^2} > t$，亦即火車上所花的時間比較長（或說事件發生得比較慢），這就是愛因斯坦打垮牛頓力學系統的原始立論：沒有絕對的時間或空間。

既然沒有絕對的時間，自然就沒有絕對的速度。從前面

所推導的$t' = ct/\sqrt{c^2 - v^2}$中，我們可以定義一項時間膨脹係數 $\gamma = 1/\sqrt{1 - (v/c)^2} \geq 1$，於是$t' = \gamma t$，闡述了移動中的物體與靜止觀察者之間，移動者的時間被膨脹（或說拉長）的程度。約在愛因斯坦提出這時間膨脹的觀念的百年後，瑞士CERN的同步加速實驗室即證實了粒子在高速下的生命週期變長：在靜止狀態下，核反應後的μ介子只會存在2.2微秒，但在99.94%的光速狀態下，其生命周期則延長為29倍。

因為每個觀察者的時鐘都不一致，所以大家所認知的速度也不一樣。我們可以配合時間的膨脹，定義新的動量為γmv。因動量守恆，故在空間方向（橫軸）上的動量γmv守恆。而在時間方向（縱軸）上的動量γmc也應該守恆，因這守恆量等值於質量守恆，且光速c是定值；因此，我們可進一步得知時空裡的動能γmc^2也應守恆。我們將這守恆量，亦即是能量E，以二項式展開，可得到

$$E = \gamma mc^2 = (1 - (v/c)^2)^{-1/2} mc^2 \approx \left(1 + \frac{1}{2}(v/c)^2\right) mc^2 = mc^2 + \frac{1}{2}mv^2$$

這公式告訴我們，在時空中一個物體的能量由兩個部份構成，其中$1/2mv^2$是我們熟知在三維空間中運動的動能，mc^2則是物體所含的能量。當這物體靜止不動時（$\gamma = 1$），就是 $E = mc^2$，也就是愛因斯坦的質能互換公式，其物理意義是「在時空中的能量守恆」。另一方面，當物體以光速前進時

（γ = ∞），其質量就不存在（m = 0），這就是光子的定義
（沒有質量，以光速前進）。

質能互換：難以實現的理論

E = mc²告訴我們，質量中蘊藏著巨大的能量，若能將質
量轉換成能量，就能解決人類對能源需求不斷擴張的問題。
依據這公式，若能將1Kg的物質轉換成能量，就能產生約250
億度電力，則臺灣每年所需電力只要10Kg物質就可解決。但
若要用燒煤來供應這筆電力，就需燃燒（即化學反應）2500
萬噸的煤。然而，應用這公式的根本罩門是：並非所有物質
都可以做能量轉換。以目前的科技水平看，質能轉換的條件
實在是嚴格到幾乎不可行的程度。易言之，有了這公式我們
還是無法隨心所欲的將質量轉換成能量。事實上，愛因斯坦
提出此公式時，對能否有可行的質能轉換技術卻存有很大的
懷疑。在事隔一百年後的今天，當年產生這懷疑的基本因素
還是沒變。以目前的科學技術發展程度看，我們離這能源終
極解決之道還差的很遠。

要探索這可行的轉換技術，我們首先要瞭解質量是如何
被摧毀而轉換成能量。這問題也可以另一種方式提問：在自
然法則的規範之下，能量和質量可以相互轉換的可能性有多
大？物質轉換成能量的過程中，有什麼限制？知道這限制的

內容時，可為我們應用$E = mc^2$提供什麼幫助？這些問題的初步答案可從物理標準模型得知：自然界有一套獨有的機制用來將質量轉換成能量，就是利用反物質（反粒子）與正物質（正粒子）的作用，讓質量消滅而產生能量。換言之，依照目前物理學家所公認可行的主方程式的反應理論，我們必需先有生產並儲存反物質的方法。但在地球上，反物質只能在實驗室中，以龐大能量激發才能產生。設在瑞士與法國邊界地下的大型電子正子對撞機就是為達到這類目的而設的實驗室。然而，這實驗室在服役的12年間（1989-2000）所得到的兩千多萬筆資料，在在證實標準模型理論中諸多粒子間相互作用模型的正確性的同時，也推論要成功摧毀質量來產生能量的可能性甚低。

事實上，不論在地球上，或是在目前我們所理解的宇宙中，質量很難完全消失；縱使消失，也只有其中很小的部份可轉換成能量。譬如，太陽上所發生的核融合反應，把質量轉換成能量的效率就很低。理論上，在太陽核心處的溫度為1000億度，但要發生核融合的溫度應比這數值還要高1000倍。但因後來量子理論的出現，才把這核融合所需溫度的理論值大幅降低，科學家才有能力解釋英國物理學家愛丁頓（Arthur S. Eddington, 1882-1944）的學說：太陽能源是由氫變成氦（質子轉變成中子）的融合反應所造成。但是在自然界，質子轉變成中子的效率仍然很低，太陽上1000克的物質

大概只能產生1/5000瓦的能量（核融合所生能量）；但在人體內，同樣質量的物質所能產生的能量常能超過1瓦（化學反應所生能量）。

核分裂：實現相對論的工程

核融合雖可產生龐大能量，但所需條件的門檻太高，在地球上難以實現。然而，核分裂過程也會產生質能互換而釋放出能量，雖然反應效率甚低，但這卻是目前唯一人類可以成功地消滅質量來產生能量的技術。然而，非常不幸的是，人類首次應用這技術的目的，卻是用來大規模的毀滅自己：核彈的發明。但是要把愛因斯坦的公式$E = mc^2$和核彈的發明直接劃上等號是不公平的。因為即使沒有愛因斯坦公式的出現，核分裂技術的發展也必然會發生，因為這技術在十九世紀末已經在另一領域的科學研究中默然興起。

這領域的起頭應肇始於德國物理學家倫琴（Wilhelm Röntgen, 1845-1923）發現X射線和法國物理學家貝克勒（Henri Becquerel, 1852-1908）發現天然輻射現象，這兩項放射線的研究成果全面激發了科學界研究物質基本結構的熱潮和後續一連串的重大發現。這些發現包括英國物理學家湯姆森（Joseph J. Thomson, 1856-1940）發現電子，紐西蘭物理學家拉塞福（Ernest Rutherford, 1871-1937）提出原子結

構模型並發現質子,英國物理學家查兌克(James Chadwich, 1891-1974)發現在理論中早已預測存在的中子等等。隨後,以中子撞擊原子核產生核分裂連鎖反應的技術,在諸多幾近瘋狂的科學家相互競爭下迅速發展,結果是第一枚核彈就在二戰進行最激烈時誕生,並在日本的廣島和長崎引爆,導致數萬人立即死亡,留下數十萬的塗炭生靈。

發現放射線:現代物理的啓蒙

　　這悲劇的發展應從1895年講起,而這一年也是中國因在甲午戰爭潰敗而將台灣割讓給日本的一年;台灣成為日本帝國的第一個殖民地,是日本帝國主義崛起、往外擴張領土、大肆侵略鄰國的首份戰利品。故這一年堪稱為日本帝國主義元年,更是啓動日本帝國滅亡過程的開始,因為從這一年起一連串與核彈技術相關的重大科學原理逐一被揭露。

　　在物理學界,這一年也被定位為「現代物理元年」。當時擔任德國維爾茨堡大學校長的倫琴(圖1.7上左),以改良的陰極射線管,在這幾乎真空的玻璃管之兩端電極處加高電壓,讓呈藍白色光的電子在玻璃管內流動。實驗中,倫琴用黑色厚紙片將電極管緊密的包裹,以確保通電時沒有光線洩漏。但他卻發現一張位於一米外鍍有鉑氰酸鋇的紙屏會發出螢光,讓他懷疑是否電極管放射出某種未知的射線,造成

紙屏螢光的反射？他隨後用了更厚的黑布將電極管蓋起來，或用木頭、硬橡膠、或其他金屬做成障礙物，結果發現除了銅與鉑外，其他物質所做成的障礙物都被射線穿透，隨後他將這種未知的射線命名為「X射線」。一日，倫琴夫人發覺丈夫專注於實驗程度有異於平常，心想他一定有重大發現，就要求丈夫將她帶到實驗室裡一探究竟。倫琴順勢邀請妻子充當他的實驗對象，將她的手掌置於裝有照相底片的暗盒內，再用電極管對這手掌照射了15分鐘，所拍得的這張照片（圖1.7上右）將貴婦豐潤手掌內的嶙峋骨骼和結婚戒指顯露無遺，成為歷史上第一張X射線照片，並放入倫琴在1895年12月28日出版的原始論文《一種新的X射線》。到1897年止，他總共發表3篇關於X射線的論文。

倫琴發現X射線時，其他國家早有不少類似研究已經或正在進行。譬如早在1858年德國物理學家普呂克（Julius Plücker, 1801-1868）就開始研究陰極射線在磁場中的運動；1869年德國物理學家希托夫（Johann W. Hittorf, 1824-1914）觀察到真空管中的陰極發出的射線，在碰到玻璃管壁時會產生螢光；1876年德國物理學家歌斯坦（Eugen Goldstein, 1850-1930）確認這種射線就是一種陰極射線；在1870年間，英國物理學家克魯克斯（William Crooks, 1832-1919）設計出一種具高電壓電極的真空陰極射線管（後稱克魯克斯管），藉以研究陰極射線在穿過氣體時，使氣體電離的程度

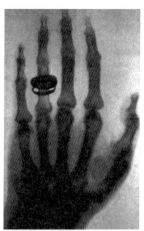

圖1.7　（上左圖）倫琴的肖像。（上右圖）倫琴夫人的手掌X射線照片。（下圖）克魯克斯陰極射線管，陰極射線（電子流）由右邊射出，在左邊的銀幕上顯出螢光，也留下金屬障礙物（十字架）的陰影，顯示電子流不能穿透金屬。

http://www.bud.org.tw/museum/s_star17.htm

http://en.wikipedia.org/wiki/Cathode_ray

而判別射線的強度。

　　當倫琴發現X射線的消息在1896年初傳到巴黎時，法國物理學家貝克勒懷疑他所熟悉的螢光是否和X射線有所關聯，於是他立刻進行了多次以不同材料來激發射線的實驗，發現鈾和鉀的硫酸鹽曝曬於陽光後會產生輻射。然而，最重要的發現是在一次沒有陽光參與的意外實驗中，他發現鈾鹽的輻射不須由陽光激發，而是一種材料自發的天然輻射線。這種射線與螢光不同，不需要任何能量做激發；雖與X射線同都有很強的穿透力，但產生的機制卻是天然的；他將這種射線稱為鈾輻射。貝克勒的研究隨後由他的學生瑪麗居禮（Marie Curie, 1867-1934）和她的夫婿皮耶居禮（Pierre Curie, 1859-1906）接手。在居禮夫婦的實驗中，瑪麗發現兩種鈾礦（瀝青鈾礦和磷酸銅鈾礦）所產生的放射線比純鈾礦來的強，她於是推論在這兩種鈾鹽中，必定含有某種未知的放射性元素。經過無數次實驗後，在1898年，居禮夫婦果然成功地從鈾礦中分離出氯化鐳，並發現了兩種新的化學元素：釙（Po）和鐳（Ra）。隨後，從1899年開始，瑪麗一共花了45個月，從10噸的瀝青鈾礦提煉出十分之一公克的純鐳，並量測出鐳的光譜和原子性質，也為放射線的物理性質做出明確的定義。

原子模型：撞擊出來的真理

當時，放射性實驗不只在法國盛行，在海峽對岸的英國更激發出另一領域的研究：原子結構的探索，其中紐西蘭物理學家拉塞福（Ernest Rutherford, 1871-1937）（圖1.8上左）的貢獻最為顯著。拉塞福當時在劍橋大學卡文迪西實驗室（Cavendish Lab）（圖1.8上右）的湯姆森的指導下進行放射性實驗，從而發現了多種物質具不同的放射性，因而提出元素蛻變與同位素的假說，推論放射性是由於原子本身分裂或蛻變為另一種元素的原子時所引起的，而非一般原子或分子間的組合改變的化學反應所致。同時他也發現，在這些反應發生時，常會釋出不同的射線；而他和貝克勒從不同的實驗分別確認了這些射線的本質：譬如α射線是帶正電荷的氦離子流，β射線則是速度快、穿透力強的電子流，γ射線是一種高強度電磁波，其屬性定義為光子流等。拉塞福更提出了放射性是原子的自然衰變而具有半衰期，這學說對諸多領域的研究帶來重大的影響；譬如，他可以用物質的半衰期作為時鐘來檢測地球的年齡。

因研究陰極射線的特性，湯姆森在1897年的實驗中，意外發現了電子的存在，並且證實陰極射線是由一群高速運動的負電粒子構成，其大小比原子和分子小很多。在十二年後的1909年，拉塞福在同一實驗室建立一套不同的設備，利用

 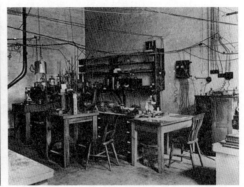

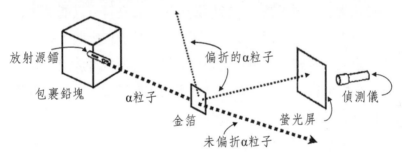

圖1.8　　（上左圖）拉塞福肖像。（上右圖）拉塞福在劍橋大學的實驗室。（下圖）利用放射性物質所釋放的α粒子撞擊金箔的實驗。http://en.wikipedia.org/wiki/Ernest_Rutherford http://sub.nhsh.tp.edu.tw/~chem/cmtpicture/52.2.jpg.

α射線撞擊只有幾個原子厚度的金箔（圖1.8下）。他發現絕大多數的α粒子會在幾乎沒有偏差的直線軌道上穿過金箔，只有非常少數的α粒子會有大角度的偏離甚至反彈。因此，他推論大多數的質量和正電荷都集中於一個很小的區域：若

原子大小如一400米跑道的運動場，則原子核像顆玻璃珠落於運動場中央，電子則在跑道和其外圍運動。拉塞福在1911年正式提出這模型，後被稱為拉塞福原子模型。

但拉塞福模型在電動力學原理的檢驗下，卻會變成一個不穩定的模型。因為按照麥克斯威爾的電磁理論，運動中的電子一定會以電磁輻射的形式釋放能量，電子就不可能穩定地在軌道中繞行，最終會脫離軌道與原子核相撞，但這卻與事實相悖。為解決這矛盾，波爾（Niels Bohr, 1885-1962）在1913年提出一原子動力系統模型：電子會在符合其能量狀態下的軌道上穩定運行，卻不會有能量的釋放或吸收；只有在電子變換軌道時，才會有電磁輻射以光的形式釋放或吸收能量。而 γ 射線的產生，無論是自發的或是激發的，都是電子變換軌道時釋放電磁波的結果。

基於這模型，波爾提出對後世物理學影響深遠的量子化觀念：在不同能域的軌道間，其電子能量的差別不具連續性（圖1.9）。這相當前瞻的推論解釋了為何在加熱不同原子時，會產生不同顏色的光，而這能量的改變與光的頻率（也就是顏色）間的比例關係，正是1900年普朗克（Max Planck, 1858-1947）所定出的宇宙常數，後稱為普朗克常數，此常數界定了微觀世界（量子物理）和宏觀世界（連體物理）的尺度界線。在波爾建立這原子模型後六年的1919年，拉塞福團隊也成功地利用 α 粒子撞擊氮原子，證實氫核中有一個帶

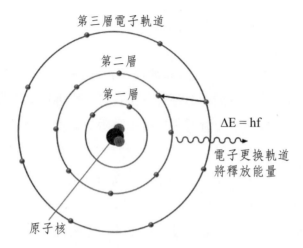

圖1.9　波爾的原子模型。電子在更換軌道會釋放（或吸收）能量，其大小就是普朗克常數h和波的頻率f之相乘積。
http://en.wikipedia.org/wiki/Bohr_model
http://zh.wikipedia.org/wiki/%E5%8E%9F%E5%AD%90%E8%BD%A8%E9%81%93

正電荷的粒子，也就是後來被稱為質子的存在，同時驗證了帶正電的質子質量乃集中在原子中心，且僅占有極小的體積，就是他所定的原子模型中的原子核。更重要的是，這實驗首度證實可以用人工方法讓穩定的原子核產生變化，為後來核分裂的發現開了一扇窗。

中子：不易察覺的狠角色

在1920年代，包括湯姆森、拉塞福等眾多科學家對原子核內的真正結構仍然存有許多質疑，因他們由實驗發現原子核的質量總是接近質子質量的整數倍：例如他們由質譜儀的研究中發現鈉元素的原子量爲23，故推論原子核內應有23個質子，但實際上只有11個；又如氦的原子序爲2，但原子量卻是4；所以，他推測原子核內不只包含質子，應該還有其他物質。另一方面，在1930年的一個實驗中，居禮夫人在她的女婿及女兒（Jean & Irene Joliot-Curie, 1900-1958, 1897-1956）的協助下，利用放射性釙元素所產生的α射線撞擊鈹元素，發現了前所未見、具強穿透性的放射線，從而證實了人工放射線的存在，從此科學家可以用人工生產具放射性元素（至今已發現有500種以上具放射性的不穩定元素），不必再依靠自然界的天然放射性物質來做研究。

在兩年後的1932年，查兌克受前述兩股不同方向的研究發展所啓發，認爲放射線內的光子不具質量，不應該有如實驗所發現的撞擊原子核而產生的放射現象。在這疑問的驅使下，他設計了一連串對鈹元素的撞擊實驗，最後發現所謂鈹所射出的放射線，事實上是一個中性粒子的高速運動的結果（圖1.10）。這粒子後被稱爲「中子」，這放射線則被稱爲「中子輻射」。

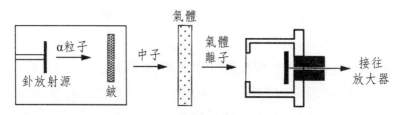

圖1.10　1932年，查兑克所進行對鈹元素的撞擊實驗，因而發現中子。http://vm.nthu.edu.tw/science/shows/atom/index.html.

　　因中子不帶電故不易被發現，其穿透力很強故不易直接觀察，這兩種性質也讓中子無法像其他粒子可用電場或磁場加以有效控制。查兑克還注意到，游離中子只能在原子核產生衰變時產生，且因為中子未帶電荷，所以它們可以穿透撞擊靶內的程度遠比質子深得多。所以，我們目前控制游離中子的唯一方法是讓原子核阻擋中子運動路徑，利用碰撞讓中子減速、偏移、或被吸收等。這些中子性質的發現，引發後續核分裂的一連串研究，也才有核彈的產生。

核分裂連鎖反應：毀滅性的發現

　　1932年查兑克發現中子與其高強度的穿透性後，隔年匈牙利科學家西拉德（Leo Szilard, 1898-1964）就提出，以中子撞擊原子核可產生連鎖分裂的推論。再隔年的1934年，義大利物理學家費米（Enriks Fermis, 1901-1954）隨即宣布，

他能以中子撞擊鈾元素的原子核而產生超鈾元素。隨後，德國女化學家諾達克（Ida Noddack, 1896-1978）推論，費米的實驗會因中子撞擊超鈾元素而產生核分裂，同時還會釋放出更多的中子。最後，在1938年底，在柏林的哈恩（Otto Hahn, 1879-1968）和司特拉斯曼（Fritz Strassmann, 1902-1980）以實驗證實諾達克這相當深刻的推論。而這實驗結果隨後被德國女物理學家邁特納（Lise Meitner, 1878-1968）和她的外甥弗里施（Otto Frisch, 1904-1979），以一套物理模型和精確的數學解法，詳細地解釋核分裂的原理。她們認為，一個鈾238原子核吸收一個中子後，會分裂成大致相同的兩個原子，同時釋放出9個中子和龐大能量（一次鈾原子核裂變，會產生約2億電子伏特的能量）（圖1.11）。事實上，邁特納在當時就曾指出，核分裂反應的實驗間接驗證了愛因斯坦的$E = mc^2$公式。

前述這幾年內的一連串研究成果震驚了全世界，因當時正是二戰戰火最猛烈的時期，而這實驗影射一種殺傷力強大的武器，隨時可能會被製造而用在戰場上；而且，誰能擁有這武器，就會站在勝利的一方。這原子核分裂的過程後來被定名為「核分裂連鎖反應」，分裂這概念乃源自於生物學裡面的細胞核分裂，二者在產生的過程上非常相似，但所產生的能量與反應速度卻完全不同。

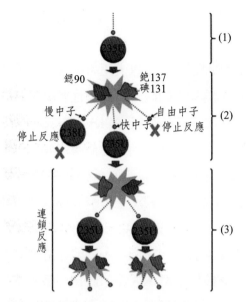

圖1.11　　圖中的三階段反應內容説明如下：(1)鈾235同位素被一中子撞擊後，產生3類中子，幾個新元素如鍶90、碘131或鉋137，和些許能量。(2)其中一類中子速度較慢，再和鈾235反應而形成鈾238，然後停止反應；另一類中子沒有發生撞擊，隨即流失而停止反應；第三類中子速度較快，撞擊鈾235後產生新中子和前述三元素，同時也釋放些許能量。(3)新中子再分別與鈾235撞擊、產生新元素和能量；這步驟持續循環，構成核分裂連鎖反應，累積並釋放出龐大能量。
http://en.wikipedia.org/wiki/Nuclear_fission

　　從1932年發現中子，到1938年底核分裂反應實驗成功，在這不到7年的期間內，全球興起核分裂研究的熱潮，前後發表了超過百篇有關核分裂研究的論文。在一開始的1932

年，沃爾頓（Ernest Walton, 1903-1995）和克羅夫特（John Croft, 1897-1958）就合作建立一個粒子加速器，利用加速粒子轟擊分裂鋰原子；這以人工方式產生氦原子核的研究，開啟了以實驗為基礎的核子物理時代。又於1940年，加州大學柏克萊分校的希伯格教授（Glenn T. Seaborg, 1912-1999）的研究團隊，以中子撞擊鈾原子而產生鈽和其同位素。後來，這鈽的同位素被選為製作原子彈的燃料，因他可以在預定情況下進行核分裂連鎖反應，瞬間釋放出毀滅性的能量。隨後，在事隔不到3年的1942年，費米在芝加哥大學建造了第一座核子反應器CP-1。同年，曼哈頓計畫啟動，於隔年又建造了另一座核反應器。最後，於1945年，美國製造出投到廣島和長崎的兩顆原子彈，開啟了橫跨整個20世紀的核子能量的追求時代。

核能物理的演變：探索真理的足跡

由前述約3000年的自然哲學與物理科學的發展過程，我們發現整體的演變可分成兩條主軸：天體物理、核子物理。無論是關鍵人物或事件內容，這兩條主軸的發展原本毫不相干，但最終卻被融合成核能物理這門科學。我們將串成這兩條主軸的主角、事件、時間匯整如下：

天體物理演變脈絡：

- 1543年：哥白尼發表《天體運行論》一書，提出具體日心論學說。

- 1609年：刻卜勒發表《新天文學》一書，提出行星繞行太陽軌道為橢圓、越近太陽繞行速度越快之理論。

- 1609年：伽利略發明天文望遠鏡，後發現銀河是眾星的組合、繞行木星的四顆衛星。

- 1619年：刻卜勒發表《世界與和諧》一書，提出行星繞行軌道週期平方與橢圓半長軸立方成正比之定律。

- 1633年：伽利略因發表《對話》一書，強調等速直線運動的相對性和重力加速度的恆定性等，啟發牛頓和愛因斯坦的重力理論發展。

- 1687年：牛頓發表《自然哲學與數學原理》一書，揭露萬有引力定律。

- 1839～1845年：法拉第以電與磁的實驗結果提出場觀念，並電與磁的交互作用原理。

- 1861年：麥克斯威爾建立描述電磁波動行為的麥克斯威爾方程組，提出電磁波以光速前進、且波速與波源的運動速度無關之理論。

- 1905年：愛因斯坦提出狹義相對論，發現質能互換方程式 $E = mc^2$，但並未說明如何達成消滅質量以換取能量的方法。

核子物理演變脈絡：

- 1895年：倫琴進行陰極射線的實驗時，發現X射線。
- 1896年：貝克勒發現鈾(U)的天然放射性現象。
- 1897年：湯姆森從陰極射線中發現電子的存在。
- 1898年：居禮夫婦（Marie & Pierre Curie）發現元素釙(Po) 以及鐳(Ra)，是繼鈾之後其他的放射性物質。
- 1900年：貝克勒發現 β 射線就是一種高強度的電子流。
- 1902年：拉塞福提出放射性半衰期的概念，證實放射性是 在一種元素嬗變至另一種元素時所產生者。
- 1903年：居禮夫婦與盧塞福以指數模型，將元素嬗變的過 程量化。
- 1909年：拉塞福發現 α 射線是帶正電荷的氦離子流。
- 1911年：拉塞福以 α 射線撞擊金箔，提出原子模型有如一 400米跑道的運動場，原子核像顆玻璃珠落於運 動場中央，電子則在跑道和其外圍運動。
- 1913年：波爾提出原子動力模型：電子會在符合其能量狀 態下的軌道上穩定運行，當電子變換軌道時才會 有電磁輻射以光的形式釋放或吸收能量。
- 1919年：拉塞福團隊也成功地利用 α 粒子撞擊氮原子，證 實質子的存在，並證實可以用人工方法讓穩定的 原子核產生變化，為後來核分裂的發現開了一扇 窗。

- 1930年：居禮夫人在她的女兒與女婿的協助下，利用放射
  性鉕元素所產生的 α 射線撞擊鈹元素，證實了人
  工放射線的存在。

- 1932年：查兌克延續居禮夫婦的實驗，證實中子的存在。

- 1933年：希拉德提出以中子撞擊原子核可產生連鎖分裂的
  推論，強調核分裂反應速度是以指數形式增長。

- 1934年：費米以實驗證實了許多元素在中子轟擊下都會發
  生核變化，促使了之後慢中子和核分裂的發現。

- 1938年：哈恩和司特拉斯曼以實驗、邁特納及弗里施建
  立理論，證實一個鈾238原子核被一個中子撞擊
  後，會分裂成大致相同的兩個原子，同時釋放出
  9個中子和2億電子伏特的能量，驗證了愛因斯坦
  的$E = mc^2$公式。

- 1942年：成立曼哈頓計畫，史上第一個核子反應爐Chi-
  cago Pile-1以超出臨界質量的核分裂原料，實現
  了核連鎖反應。

　　簡言之，在天體物理歷經四個世紀的演變中，整體研究
先是探索太陽系星體之運動行為，進而建立物體間萬有引力
之規範與詮釋。而$E = mc^2$這質能互換原理，則是探索過程中
所衍生的副產品，卻變成啟發人類從原子擷取能量的思想來
源。而落實這思想、將其轉變成可行技術的人，卻是另一群

研究物質基本結構的核子物理學家。他們發現天然輻射、創造人工輻射，最後確認原子乃由質子、中子、電子等三種基本粒子所構成。在瞭解這三種基本粒子的物理性質後，科學家進一步發現以中子撞擊原子核可產生核分裂的連鎖反應，同時釋放出大量熱能。這時，人們才想起 $E = mc^2$ 的物理意義和這項理論可能的應用：核能，從而展開20世紀的核能應用研究風潮。

在本書所陳述的歷史脈絡中，仍有許多重要關鍵事件並未列入，譬如：

- 1902年：拉塞福提出放射性半衰期的概念，證實放射性來自元素嬗變至另一種元素。

- 1903年：居里夫婦與拉塞福以指數模型，將元素嬗變的過程量化。

- 1909年：蓋革（Johannes Geiger，1882-1945）與馬斯登（Ernest Marsden，1889-1970）發明了蓋革計數器，用於探測 α 粒子。

- 1912年：阿斯頓（Francis Aston，1877-1945）透過磁場使粒子發生偏轉，進而從軌跡測定其精確質量。此方法為阿斯頓在1919年開發質譜儀的基礎。

- 1935年：但司特（Arthur Dempster，1886-1950）發現鈾235受中子轟擊後能夠發生核分裂而進行連鎖核裂變反應，適合當作核燃料使用。

- 1940年：尼耳（Alfred Nier，1911-1994）分離出高純度的鈾235，為原子彈的製作做準備。
- 1941年：西博格（Glenn Seaborg，1912-1999）、麥克米倫（Edwin McMillan，1907-1991）、甘迺迪（Joseph Kennedy，1916-1957）和沃爾（Arthur Wahl，1917-2006）等人提煉出鈽239。

　　有興趣的讀者可自行查詢這些事件的細節，從自己的視角整理這段歷史的發展脈絡。

　　核能應用研究的核心設備是核反應爐，他是用來啟動和控制核分裂連鎖反應的設備。在反應爐的核心內，易分裂的物質如鈾或鈽，經由中子的撞擊而產生分裂而釋出中子和能量，這反應需有效控制，就可以善用釋出的能量（如核電廠的反應爐），控制方法大都是在核反應器外包裹石墨或重水，並用鎘金屬吸收中子，藉以緩和並控制中子反應速度。但若不加以控制，就會產生激烈的連鎖反應，瞬間釋出大量能量造成傷害（如核彈）。

　　本書將以核彈和核電為主軸，逐步說明人類研發核能的過程。我們將先從核彈的發明與實驗講起，因它只做了一次實驗，其結果就讓人類見識到：這技術很有資格當選為人類文明的終結者。

Chapter 2

核彈：
能量從原子中釋放
出來

1905年以後，愛因斯坦公式E = mc²的應用研究，在全球引起熱潮。1914年英國小說家維爾斯（Herbert G. Wells, 1866-1946）就在他的科幻小說「解放的世界」中描述摧毀巴黎的核彈威力，更預言火藥爆炸的破壞性與核彈爆炸的威力相比，就像一場無關痛癢的兒戲。為愛因斯坦寫傳記的作家莫士考斯基（Alexander Moszkowski, 1851-1934）於1920年的作品中，也曾暗示愛因斯坦的公式已為這強大的能量來源撬開了探索的大門，而開啟這大門的密語就是「曼哈頓計畫」。

曼哈頓計畫：史上規模最大的計畫

曼哈頓計畫是美國在1942～1946年間，由羅斯福總統（Franklin Roosevelt, 1882-1945）批准、杜魯門總統（Harry Truman, 1884-1972）執行的一項研究核子武器的計畫。這計畫的規模前所未見，據說前後有10～20萬的不同領域菁英參加，若含其他間接相關的人力，總人數在計畫頂峰時可能有50萬之譜。計畫總經費達20～25億美元，以現在幣值計約是250億美元；其規模之大，即使到目前為止還沒有一項單一計畫可以比擬，譬如1960年代的阿波羅太空計畫，或目前正在進行的七國合作的核融合計畫（ITER, international thermo-nuclear experimental reactor）等。

　　雖然此計畫乃押寶在一群科學家的理論計算結果和零星的實驗證據，但計畫的成敗攸關全球戰爭的勝負，而且敵營（德國）也正積極朝同一目標前進，若讓希特勒先一步發展出核彈，同盟國將陷入萬劫不復的毀滅處境。所以這計畫絕對是一項需在最短時間內，只准成功、不准失敗的關鍵事件。因此，當時美國有投入這史上最大的人力、物力的決心，尤其在這計畫絕對不能曝光、國會議員也幾乎在完全不瞭解細節的情況下，就通過這龐大經費的使用，可見當時的政治強度絕對不會比核爆成功後的軍事強度遜色。另外，光是要提煉鈾元素，就由軍方向國庫調用超過14,000噸的銀，這類可能動搖國本的行動，在整個計畫執行過程中，屢見不鮮。

　　這計畫的起因，據說和愛因斯坦寫給羅斯福總統的兩封信有關。儘管愛因斯坦對質量轉成能量的轉化技術一直存著懷疑，但在1939年夏天，當他從老友希拉德（曾推論核分裂可行者）口中知道德國人有可能製造核彈時，他才恍然大悟地說，從來沒想到會有這種發展，更擔心核分裂連鎖反應所能產生的破壞力，將會造成人類文明的浩劫。所以，他兩次寫信給羅斯福總統，在信中他提到鈾元素可能會成為一種新能源，也可能產生一種威力強大的炸彈，且德國正積極但秘密地進行這類研究。所以他在信中建議，美國應該以維持世界和平為己任，積極發展核彈以嚇阻納粹德國的侵略和種族

清算。

　　羅斯福總統對愛因斯坦兩封信的反應，是成立一鈾諮詢委員會。當時美國科學家雖然對核彈的研製已有初步的構想，但此研究所涉及的層面既深且廣，所需要的人力與物力相當龐大，可能是當時一般行政機構所無法承擔的。因此，當時負責核研究的布希（Vannevar Bush, 1890-1974）在呈給羅斯福總統的報告中，建議將計畫的研製、生產、管理全部交給軍隊，也獲得羅斯福總統的批准。計畫總主持人則由曾負責修建國防部大樓五角大廈計畫的葛羅夫准將（Leslie Groves, 1896-1970）擔任。他上任後不到48小時，就成功地說服羅斯福總統賦予這一計畫高於一切行動的特別優先權，並將計畫總辦公室設立在紐約，計畫也取名為「曼哈頓計畫」。

　　曼哈頓計畫的研究基地多達37處，分散於美國19個州。但最主要的實驗場則有三處：一處在田納西州的橡樹嶺（Oak Ridge），在佔地達90平方英里的場地中，設有三套提煉鈾235的設備，分別是三種當時被認為最有可能用來分離鈾同位素的技術：熱擴散法、電磁離心法、和氣體擴散法；一處是位於華盛頓州的韓福特（Hanford）的實驗場，主要負責另一種核燃料鈽239的提煉，由費米主持，他利用希伯格（Glenn T. Seaborg, 1912-1999）教授研究團隊所發展出來的化學分離技術，建立一座可大量生產鈽239的設備；

第三處是新墨西哥州的洛斯阿拉莫斯（Los Alamos）的實驗場，主要的任務是設計核彈，由歐本海默（J. Robert Oppenheimer, 1904-1967）主持，最終產生槍爆型核彈和球爆型核彈兩種設計，並做成可空投的核彈實體。

曼哈頓計畫最重要也是最困難的部份是核彈設計，因這是前所未有的設計，其中仍有許多未知仍待解決的技術。另一方面，因整體計畫結構龐大且複雜，在人力、技術、資源等方面的系統整合極具挑戰性。幸運的是，計畫負責人歐本海默是位格局大的人才。他在1942年夏被美國政府任命為核彈計畫主持人時，只有38歲。雖沒有主持過大型國防計畫的經驗，但從他建立Los Alamos實驗室、集合全球多數核子物理菁英、整合美國各大學實驗室與技術、規劃整體計畫工作項目內容與分工、和最後進行實彈試爆和轉交軍方武器…等等，一連串的工作能在短時間內，逐件如期完成，證實葛羅夫准將當年挑選他主持核彈計畫的確是明智之舉。

核燃料生產：大設備、小產量

以當時對放射性物質的瞭解，曼哈頓計畫的科學家認為鈾元素的同位素鈾235最適合作核彈燃料，因其可產生高效率核分裂連鎖反應。但天然鈾235的濃度大都小於1%，遠不足製作核彈所需的濃度90%以上。另外，在1942年以前，鈾

235的提煉規模很像居禮夫人在二十世紀初提煉鐳一樣，都是以毫克計量。但要把核彈作為戰略武器，至少要有噸級以上的鈾235才足以支撐大局。所以高效率提煉鈾235的技術，絕對是核彈計畫是否成功的重要因素。

以當時的技術來看，取得高濃度鈾235的方法是將其和同位素鈾238分離。但二者的化學性質相同（因是同位素），重量只相差1%，所以分離技術需相當精細準確，而前述三種提煉技術都無法單獨完成高純度的提煉。所以，橡樹嶺的科學家決定採用多層次提煉法，首先將鈾礦以熱擴散法提煉至純度達0.86%，然後再以電磁離心法進一步提煉到7%，最後再以氣體擴散法精煉到90%的純度。為何提煉程序需這麼複雜？這需從這三種提煉法的原理說明之。

• 第一階段：圖2.1是以熱擴散法所設計的分離器。高溫蒸汽通入置於正中間的直管內，使分離器具高溫環境；這中間直管外圍則包裹著環形直管，其內則注入冷水以產生低溫環境；在這兩套直管之間留有毫米寬的間距，將加壓的六氟化鈾（UF_6）蒸汽，注入這具極高溫度梯度的環形細縫而產生化學反應，結果較輕的鈾235會往較熱的中間直管聚集而被收集之，然後再進入下一個分離器，經同樣程序繼續純化；整體提煉設備是由超過2100個分離器組成。

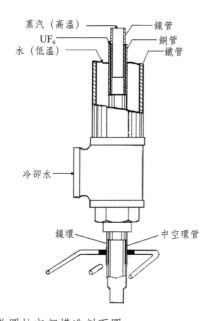

　圖2.1　　熱擴散圓柱內部構造剖面圖

from B. C. Reed (2011), Physics in Perspective, 13(2), 161-188.

http://link.springer.com/article/10.1007/s00016-010-0039-0/fulltext.html

- 第二階段：圖2.2是以電磁分離法所設計的分離器。鈾化
  合物蒸汽先被加溫並離子化後，再進入羅倫斯教授（Er-
  nest Lawrence, 1901-1958）所發明的迴旋加速器（cyclo-
  tron），經強烈磁場作用後，較輕的鈾235會由3米直徑的
  軌道，以螺旋軌跡掉入幾厘米直徑的迴旋軌道，然後再進
  入另一迴旋器，以同樣程序繼續純化。這階段的提煉設備
  是由將近1000組迴旋器組成。

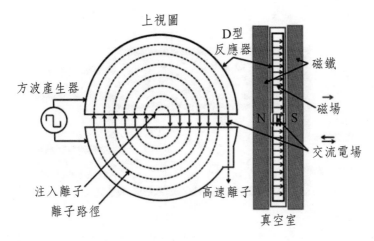

圖2.2　迴旋加速器的內部構造示意圖

Source: http://www.chm.bris.ac.uk/webprojects2002/wrigglesworth/back-ground.htm

- 第三階段：圖2.3是以氣體擴散法所設計的分離器。將鈾同位素氣態化合物以高壓通過分離器內的多孔薄膜，較輕的鈾235因擴散性較佳而通過薄膜與其他元素分離，再進入另一個分離器以相同的分離程序繼續純化，整體提煉設備由3000個分離器組成。

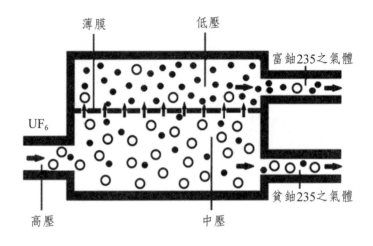

○ $^{238}UF_6$ ● $^{235}UF_6$

<u>圖2.3</u>　氣體擴散法功能示意圖

Source: http://energyfromthorium.com/2010/08/06/loveswu1/gasdiffusion/

　　圖2.4是從空中俯瞰設置在橡樹嶺實驗場的實景。這龐大的分離設備是由前述三種提煉設備、共6100個分離器所組成，全部容納在一棟四層樓高、圍成U字型、長度約1英里的大型建築內，整體建築體積之大乃前所未見。

　　另一種適合作為核彈燃料的是鈽239，這元素的生產可在核子反應爐中以鈾238吸收中子，經過兩階段衰變後就可變成輻射量較小的鈽239。雖這程序比前述提煉鈾235簡單很多，但若鈾238吸收過多中子，所產生的鈽同位素會越重且輻射越強，就無法當作核彈燃料。另外，因生產鈽的過程涉

及到中子的撞擊反應而具高危險性，所以各種提煉設備之間的距離都在10英里以上，且平均分散在600平方英里大的韓福特實驗場，面積之大也屬空前。

圖2.4　田納西州的橡樹嶺K-25實驗場
Source: http://en.wikipedia.org/wiki/File:K-25_aerial_view.jpg

現今，鈽239已經變成全球製作核彈的最主要燃料，而武器級的鈽239也可以從廢棄的核電燃料提煉。在1990年代，全球鈽的庫存量約有1100噸，到21世紀初已經到達1600～1700噸的水準。目前約有570座核電機組和上百座研究用反應爐會產生高階核廢料，這些廢料經過處理後可產生武器級的鈽239。所以國際原子能總署可以依據核子非擴散

條約，監督所有核廢料處理廠的進出貨情形，和核廢料處理設備的輸出情形。

核彈設計：引爆毀滅的機器

核彈主要是由引爆裝置、炸藥層、反射層、核爆層、中子源及彈殼所組成。引爆裝置負責引爆核彈，其中設有引信雷管。炸藥層內填裝一般炸藥，在核彈引爆後，負責推動並壓縮反射層以供給引爆核爆燃料的能量。反射層一般由鈹或鈾238組成，其作用為反射連鎖反應中流失的中子，使其回到反應過程中以增強反應強度。核爆層內則填裝核爆燃料，如鈾235或鈽239，是核彈的引爆主體，其質量要超過一臨界值。中子源大都被核爆層所包覆，負責在核爆時大量釋放中子。彈殼則將前述所有裝置包裹其內，提升彈體強度可延長核分裂反應的時間，進而強化核爆的威力。另外，因曼哈頓計畫決定採用空投至敵營上空引爆，所以引信雷管的設計是以大氣壓力引爆無線電子引信，引爆條件設在離地約50～150米之高度。

核彈的作用原理是由引爆炸藥層開始，其爆炸能量可把核爆層內的兩組次臨界質量的核燃料急速推合瞬間超過「臨

界質量」[1]，同時藉由引爆中子源和反射層的協助，核爆層內因而啟動核分裂連鎖反應，使彈體內瞬間累積高壓，在壓力超過彈殼應力強度時，就會產生巨爆。核彈與普通炸彈最主要的不同，是前者需引爆核分裂連鎖反應，後者則是一次引爆就結束。然而，引爆後的第一層核分裂所產生的中子，並非每一個都會再撞擊其他原子核而產生另一次核分裂，所以核爆層內的核燃料量需要超過一臨界值，才會產生連鎖反應。這最小的燃料量稱為「臨界質量」。

理論上，臨界質量取決於中子從放射性物質中擴散出來的速率與在放射性物質內產生的速率之比，這比值要超過某一臨界值才能引發核分裂連鎖反應。而這比值和許多因素如引爆燃料的種類、密度、形狀和周遭設計等相關，每一因素都會影響中子撞擊原子核的機率。所以，核彈是否可以引爆成功，乃決定於一連串中子撞擊原子核的機率大小。但實際上在設計核彈時，核爆層內的核燃料質量應小於臨界質量到一安全範圍，才能保證核爆燃料絕不會在引爆之前就自行產生核分裂連鎖反應。所以，在1945年所引爆的兩顆核彈內，核爆燃料乃分成兩塊，每塊燃料的質量都需小於臨界質量。但在引爆後，這兩塊質量會在瞬間被壓縮成一塊而超過臨界質量，啟動連鎖反應而爆炸。執行這壓縮過程的機構稱為引

---

1 鈾235的臨界質量是46.5公斤，鈽239的臨界質量是10.1公斤。

爆裝置，是設計核彈的關鍵技術，也是決定核彈類型的主要
因素。曼哈頓計畫研製出兩種核彈：槍爆型核彈和球爆型核
彈，有兩種不同的引爆裝置，以下說明二者的特性和差別。

槍爆型核彈：模仿槍砲的設計

　　槍爆型核彈的外觀就像一具裝了尾翼的加長型壓力罐，
彈體最內層是一長型金屬砲管，其外包覆震波緩衝材料和彈
殼（圖2.5）。砲管的一端設有引信雷管和填裝無煙烈性炸
藥，炸藥前端則是一小塊中空圓柱型鈾235，砲管另一端則
是另一塊鈾235，其外徑大小剛好是前端中空鈾塊的內徑。
核彈爆炸程序啟動時，由雷管引爆無煙炸藥，前端的中空圓
柱型鈾塊像砲彈一樣被射入砲管另一端的鈾塊，此時兩鈾塊
瞬間融合而超過臨界質量，進而引爆核分裂連鎖反應。

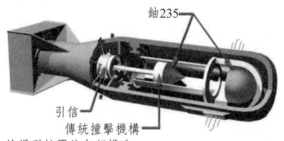

圖2.5　槍爆型核彈的內部構造

http://www2.hesston.edu/Physics/ManhattanProject/PhysicsPaper2.htm.

槍爆型核彈雖然具有結構簡單、容易製造的特點，但是卻存在核爆燃料利用率偏低的缺點。這是因為每塊核爆燃料的質量都不能超過臨界質量，而兩塊燃料的總質量僅能比臨界質量多出不到一倍，導致爆炸威力就不可能太大。另外，砲管的尺寸不能太大，否則彈體將會相當龐大，所以可以裝填核爆燃料的量就有很大限制。最困難的是，這類設計的規格要求甚為嚴格，如槍管要短且小，內彈道的準確度要高，射出速度需達1000m/s…等等。

　　1945年8月6日，美國投在日本廣島的第一顆原子彈，就是這種槍爆型核彈，代號「小男孩」。它的核爆燃料為鈾235，同位素純度為93.5%。核彈總重約4,100公斤，彈管直徑74釐米，長度3.2米。核爆燃料是兩塊重約16～25公斤的鈾235，爆炸威力約為14,000噸TNT。理論上，將1公斤鈾235全部裂變時，其爆炸威力大約等值於18,000噸TNT。由此可見此核彈中的核爆燃料利用率還不到5%。這原因可歸咎於兩塊核爆燃料併合所花的時間過長，因而產生一部份自發性裂變，提早釋放中子而引起非同步爆炸，導致核爆燃料的利用率大幅降低。

球爆型核彈：狀似足球的設計

　　另一種俗稱球爆型核彈，是採用數學家紐曼（John von

Neumann, 1903-1957）的發明，利用透鏡形狀的炸藥多點同步引爆，產生收斂型球體爆震波，進而引爆核分裂連鎖反應。其彈體呈球形，大致可分成三部份：南北半球是兩個極帽體，赤道部份則由五組徑向柱狀筒構成。每組筒狀結構都是一組設有引信的引爆裝置，最外層塡裝烈性快爆炸藥，其內則包裹一層緩爆炸藥，二者則由紐曼發明的透鏡型薄片分隔，這塊結構被稱爲透鏡型炸藥。五組筒狀結構所構成的球殼內，則包覆一個球心結構。球心的最內層球體中裝塡著鈹元素，可產生引爆核分裂反應所需的中子源；其外圍則由兩個裝塡鈽239的半殼球所包覆，其外再另包裹一層裝塡鈾238的殼球做爲中子反射層。

　　由前述這兩層球殼包覆球心，形成一個具臨界質量的核燃料小球。核彈引爆程序啓動時，五組筒狀結構的引信同時啓動，透鏡型炸藥被引爆而產生同步震波，五組震波在球體中心聚焦，震波強度因聚焦而放大，引爆位於球心的鈽239和中子源而激發核分裂連鎖反應。做爲中子反射層的鈾238材料能將從球心散射出的中子再次聚焦利用，以增強核分裂的強度。

　　球爆型核彈還有另一種爆炸威力更強的結構組合（圖2.6）。球心的結構和前述設計相同，不同的是，這球心外圍則是被32組塡充雙層烈性炸藥的徑向柱狀筒裝置所完全包覆，這柱狀筒裝置的最外圍截面形狀不是五角形就是六角

形，在一個五角形搭配五個六角形的配置下，即可組成一個完整的球體表面，其線條結構就像現在的足球一樣。五角形柱狀筒有12個，六角形有20個。根據紐曼的設計，每個柱狀筒表面都設有一引爆雷管，筒內的雙層燃料間的介面乃是一片具有特殊形狀可將震波聚焦的凸面。

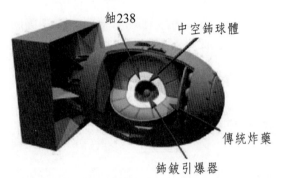

鈾238

中空鈽球體

傳統炸藥

鈽鈹引爆器

圖2.6　球爆型核彈的內部構造
http://www2.hesston.edu/Physics/ManhattanProject/PhysicsPaper2.htm.

當這32組引爆雷管同時啓動時，每組柱狀筒內的爆震波經過凸面強化後，形成向球心聚集的內震波。當32組內震波同時抵達中心球體時，震波強度已達最大，具足夠能量可引爆中子源。然後，這大量釋出的中子再和外圍的鈽和鈾燃料產生核分裂連鎖反應，瞬間釋出巨大能量。由於這種球爆型結構產生壓縮效應的時間，遠比槍爆型結構所需的時間爲短，因此可避免可能引爆過早而削弱爆炸威力的缺點。因此

在槍爆型結構中難以安全使用的鈽239燃料，卻能用在球爆型結構中。

1945年8月9日，美軍投在日本長崎的第二顆核彈，就是採用球爆型結構的鈽彈，彈體總重約4,500公斤，其中兩塊鈽239燃料重約5～10公斤，彈體長為3.2米（和小男孩一樣），最大直徑為1.52米，因外型較為粗胖，故被暱稱為「胖子」。其結構乃採用設計較為簡單的五組筒狀結構的彈體，雖彈體較小，但其威力還是比小男孩多出一倍，全因鈽239的核爆性質優異之故。

準備好了：試爆

曼哈頓計畫總共製造了三顆核彈，除了投在日本廣島和長崎的兩顆外，還有一顆是在1945年7月16日用來進行試爆。這試爆彈是一顆球爆型鈽彈，以兩週時間組裝完成，試爆地點在離洛斯阿拉莫斯約190公里的沙漠進行。整體試爆設備被安裝在一座鋼塔上，監控中心則離鋼塔約10公里，中心的監控設備能準確引爆核彈，並把爆炸過程中的各種情況，譬如核彈內部的演變情況、爆炸震波的傳遞、爆炸範圍內的放射性殘留等，均做成完整的紀錄。

根據當時參與試爆人員的紀錄，爆炸的瞬間，天空中出現了比幾千個太陽還要亮的閃光。幾秒鐘後，他們就聽到

強力震波所形成的巨響，一朵狀似火焰的蘑菇雲不斷翻滾，並逐漸擴大向天空升起，最後形成高達十公里的擎天雲柱，情景十分壯觀。這等值於20,000噸黃色炸藥的核彈，讓半徑1.6公里範圍內的所有事先安置好的動植物都被破壞無遺，半徑360米以內的砂石，都因高溫變成綠黃色玻璃狀物質，裝設實驗設備的鋼架建築完全被高溫所溶解。核爆所造成的傷害有好幾種，如強烈光輻射所夾帶的強大能量、超強震波以200m/s速度的襲擊、γ射線和中子流的高殺傷力、高強度電磁波對電器設備的破壞力等，均會使幾公里範圍內的人、畜、建物、設備等受到毀滅性的破壞。

投到日本：為珍珠港亡魂復仇

　　第一顆核彈試爆成功的消息，很快傳遍了曼哈頓工程區的每個實驗室，特別是那些參加試爆工作的科學家，更是為核彈的巨大破壞力和高強度的放射性污染而深感不安。連原來要求愛因斯坦寫信給羅斯福總統盡速發展核彈的西拉德，此時也意識到這件事的嚴重性，為此他又起草了不要使用核彈的請願書，並由69位科學家連署後呈遞杜魯門總統。隨後，杜魯門把這請願書交給由歐本海默等參與計畫的幾位科學家，請他們回覆。他們在回覆信中寫道：「…，如果因核彈而得以縮短戰爭的時間，並能拯救更多的生靈，…，那才

是我們敢於使用核彈的原因。」最後，他們在曼哈頓計畫內部舉行一項意見調查，結果有超過80%的工作人員贊成將核彈用於戰場。隨後，美國政府公布這調查報告，為美國政府在將核彈投入戰場一事，取得有力的輿論支持。

最後美國將兩顆核彈投向日本而非德國，其主要原因有二：首先，在第一顆核彈還沒裝配完成之前，納粹德國就在1945年5月7日宣布投降，這算是德國的幸運，可免於核彈的攻擊。其次，從1944年6月至1945年6月間，美國因參與對抗日本的太平洋戰爭，已經造成100萬以上的美國軍人死亡；戰況在1944年12月達到最高峰，當月死亡人數達到88,000人。而且，在德國宣布投降後，日本仍不斷侵略。所以美國就在1945年7月召開的波茲坦會議中，取得英國向日本投下原子彈的同意後，隨即發表「波茲坦宣言」，要求日本無條件投降，但遭日本首相鈴木貫太郎（1868-1948）拒絕，因此決定對日本投下核彈。

天降大火球：瞬間滅亡

1945年8月6日清晨8點16分，名為「小男孩」的四噸重槍爆型鈾彈在廣島上空爆炸。這核彈在太平洋提尼爾島上的一個空軍基地完成最後組裝，再用當時最大的B29型轟炸機運載至廣島上空，從約10,000米高空投下，在市區上空約300

米處爆炸（圖2.7上左）。這爆炸威力相當於14,000噸TNT的小男孩（約是普通最大炸彈的3,000倍），讓在投彈地點4公里直徑內的所有建築蕩然無存（圖2.7下）。頓時間，整個景

圖2.7　　（上左圖）小男孩核彈在廣島上空爆炸之蕈狀雲。（上右圖）胖子核彈在長崎上空爆炸之蕈狀雲。（下圖）廣島市區受核彈攻擊後，只剩一片廢墟。

http://en.wikipedia.org/wiki/File:Atomic_bombing_of_Japan.jpg
http://en.wikipedia.org/wiki/File:Hiroshima_aftermath.jpg

象就如新約聖經啓示錄所描述的世界末日：有燒著的大星像火把從天上落下…；有形質的都被烈火銷化，地和其上的物都被燒盡。投彈當時，該城有30萬人口，其中約有10萬人因核爆所致的3,500度高溫而立即死亡，因燒傷、輻射和相關疾病而死亡的人數約在9～14萬之間。

三天後的早上10點02分，名爲「胖子」的四噸半重球爆型鈽彈在長崎上空約9,000米高空投下、在市區上空約600米處引爆（圖2.7上右），結果長崎市44%的地區被毀，約35,000人死亡、60,000人受傷。雖然胖子的爆炸威力約是小男孩的兩倍（約26,000噸TNT），但所造成的傷亡卻較廣島爲低，主要原因是核爆地點距市中心約三公里，兩地之間尚有山脈遮蔽，因此除了不受遮蔽的灣岸地區以外，其他地區的受損程度均較輕微。在一週後的8月15日，日本政府宣佈無條件投降，至此第二次世界大戰宣告結束。

不是我！科學家的懊悔

1945年5月7日納粹德國宣布投降後，美軍隨即進佔德國西部，發現納粹的核研究只限於實驗室階段而沒有武器製造計畫。愛因斯坦得知後，立即和美國7位著名科學家合寫了一封請願書，要求杜魯門總統不要批准使用核武攻擊日本。他們擔心使用核彈會帶來嚴重的道德問題，並將開創大規模

毀滅性攻擊的先例，因而引發世界核武對抗。但這薄弱的建議，當然無法改變美國政府要迅速結束二戰的決心。

對日本的核炸成功消息傳來，杜魯門和許多官員皆興高采烈，但參加曼哈頓計畫的科學家們卻心情沉重。其中愛因斯坦更痛心的表示，當初致信羅斯福總統提議研製核彈，是他一生中最大的錯誤和遺憾，甚至懊悔地說「早知如此，我寧可當個水管工人」，後來美國水管工人協會因此頒給他終身榮譽會員。

因著那兩封給羅斯福總統的信，愛因斯坦被時代週刊冠上「世界毀滅者」的封號，在1946年7月1日那期的封面，把愛因斯坦的頭像和核彈爆炸的蕈狀雲放在一起，並加上 $E = mc^2$ 的公式。頓時間，讓這曾被科學家讚美為「充滿人類智慧和自然法則」的公式，也是以優美姿態描述物質和能量間深層關係的公式，被解釋成「一切物質都是由速度和火焰構成」。

但愛因斯坦參與核彈的發展，也是止於這兩封信而已。因為當時美國聯邦調查局終身局長胡佛（John Edgar Hoover, 1895-1972）極力反對讓愛因斯坦參加核彈計畫，真正原因至今不詳。但根據事後合理的推測發現，胡佛在珍珠港事件前積極的反對美國參戰（與愛因斯坦的積極參戰立場相反），應與他曾是納粹頭目希姆萊（Henrich Himmler, 1900-1945）的好友，也是位反猶太份子有密切的關係。

雖然愛因斯坦對核彈的發展曾相當自責，但他對科學的良知也為他辯解：物理科學會發展這種地步，實在不是我們所願意看到的，但握有這科學成果的人都穿著軍服，讓我們只能將這成果當作身為發展者無可迴避的原罪。在1950年代的韓戰末期，美軍在朝鮮半島因中國的人海戰術而節節敗退時，美軍總司令麥克阿瑟上將就曾建議軍方再次使用核彈，後雖被杜魯門總統否決並解除麥克阿瑟的統帥權，但這事再一次證實握有核武者的心中都是存著同一想法：毀滅敵人，在所不惜。這就是愛因斯坦在戰後所言之寫照。

一直到去世前一週，愛因斯坦還和哲學家羅素（Bertrand Russell, 1872-1970）一起簽署一項政治宣言，警告各國政府和人民要積極提防核彈可能帶來的重大災難，因一場核戰雖只會讓少數人立刻死亡，卻會讓多數人烙下無盡的病痛和創傷。這項羅素-愛因斯坦宣言為後來的反核戰運動立下根基，後來的「帕格沃什反核運動」就是以這宣言的發表地命名，也是讓美蘇冷戰沒有變成核彈熱戰的主要貢獻者。

毫無疑問的，核彈投入戰爭迅速縮短戰爭，拯救了許多可能會因戰爭而喪失生命的美國士兵，但其數目絕對無法和因核彈而死亡的平民數目相比。雖然二戰期間死傷人數超過千萬，核彈引爆所增加的數目只是其尾數而已，但核彈的強大毀滅力卻在人類文明的發展中埋下一顆未爆彈。雖然美國贏了這場戰爭，可是全球的和平卻沒來，因為一場冷血的強

國間核武競賽才正要開始。

德國、日本的核彈：幸好沒成功

　　研製出歷史上殺傷力最強大的核彈的曼哈頓計畫，投入前所未見的人力和物力、並在短短幾年內迅速完成所有工作，這種決心的強度和嚴格的條件，大概只有未被戰爭波及的美國本土才有。當時全力投入戰爭的德國、日本、蘇聯等國，都沒有這優渥的條件，更不用談已經被德國佔領的法國，在德國轟炸範圍內的英國，或在日本戰火蹂躪下的中國。

　　雖然從發展核彈的物質條件看起來都不可行，但德國和日本均曾考慮要發展核彈，唯過程與結果則有所不同。據威克斯（Robert K. Wilcox）的考據，德國的核彈發展只限於實驗室研究階段，並未真正投入實體核彈的研發，聽說這是因為希特勒認為那是一種猶太人炸彈，不值得發展。

　　但日本卻不認為如此，當時首相東條英機（1884-1948）就任命川島虎之介將軍主持核彈計畫，並在北韓的興南建立分離鈾元素的龐大設備，更在廣島核爆前五天試爆成功一顆規模不詳的核彈。雖有試爆，但整體核彈工業離要真正投入戰場的規模還很遠，所以日本天皇最後還是決定無條件投降。投降後，日本相關單位立即銷毀諸多發展核彈的文

件，所以存留至今可供考證的資料不多。戰後蘇聯軍隊率先進入北韓興南，曾取走一些資料與迴旋加速器等設備，也擄走一批參與核彈計畫的日本科學家和軍官，然有無得到關鍵資料則無可考。

蘇聯的核彈：間諜戰利品

雖然二戰已經結束，物資供應和人力培養都步入正軌，但除美國外的核彈俱樂部的會員國家，其發展核武的進程絕不是像美國透過建立另一項曼哈頓計畫來執行。比較輕省的方法就是由美國提供技術，如英國、法國、以色列等國都採這模式。中國也可能在某種程度上有依賴蘇聯技術，才得以順利發展核武。但比較複雜的模式，就是以各種管道獲得美國核武技術而發展之，如前述戰時的日本，又如戰後的蘇聯，均採間諜手段竊取各項關鍵技術。

蘇聯開始發展核彈的時間和美國差不多。在1939年，蘇聯科學家已成功發展分離鈾同位素技術，且在莫斯科地鐵隧道中進行核分裂實驗。1940年蘇聯核彈之父庫爾洽托夫（Igor Kurchatov, 1903-1960）在美國的科學期刊「物理評論」（Physical Review）上發表自發性核分裂的實驗結果。雖然這項發現的確很重要，但卻看不出美國政府對這發現有任何反應，所以蘇聯政府就懷疑美國正在進行大規模秘密計

畫，因此開啓間諜活動以探取這秘密計畫的內容。

在眾多的蘇聯間諜中，最具破壞力的是德國科學家福克斯（Claus Fuchs, 1911-1988），他原是以難民身份移民英國的科學家，後加入英國研究團隊參加曼哈頓計畫，所以其身份一直未受質疑。據估計，在他被揭發是蘇聯間諜之前，幾乎將美國和英國發展核武的關鍵資料全數交給蘇聯政府。另一個間諜是英國外交官馬克林（Donald MacLean, 1913-1983），他利用擔任英國參與戰時美英聯合設立之政策委員會秘書之便，將各類英美核彈計畫決策以不同方式秘密提供蘇聯。蘇聯政府稱這些間諜為「糖人」，資料為「糖果」，可見這間諜事件對蘇聯的貢獻是何等重要、怡人。

比起曼哈頓計畫，蘇聯核彈計畫的規模根本是微不足道。在1943年2月蘇聯成立一核彈研究小組，由庫爾洽托夫領導，其工作還是延續先前的鈾同位素的分離和核分裂反應的實驗。戰後的蘇聯物資嚴重缺乏，若沒有英國間諜所竊取的資料幫忙，蘇聯絕對無法在戰爭結束後的四年內就做成核彈試爆。另外，美國戰後所發表的「史密斯報告」中，除了未說明核彈的設計或製作外，其他許多工作的成功和失敗的檢討，都幾乎毫不保留的詳載於報告中。這報告對有意發展核武的國家，尤其像蘇聯這類已經有鈾同位素分離和核反應爐的設計經驗者，有非常重大的幫助。1948年9月蘇聯成功建立第一座核反應爐，1949年8月底就成功試爆第一顆核

彈，它也是一顆鈽彈，其結構與投到長崎的「胖子」完全相同；另外有關分離鈾235和提煉鈽239的技術，也都是曼哈頓計畫內容的翻版。

蠍子互鬥：恐核的政治清算

蘇聯核彈試爆成功的消息，引爆了美國政府內部的恐共潮。杜魯門總統隨即成立10個核彈製作小組，以建立每天生產100顆核彈的能力為目標來制定執行計畫，並在1950年元月宣布加速威力遠大於廣島核彈的氫彈的發展。從此，美蘇兩國就進入以核武為核心的軍備競賽的螺旋上升氣流中。這種景象，就如歐本海默所說，好像兩隻蠍子放在同一玻璃瓶中，都要致對方於死地，自己卻也可能陣亡。

因這與蘇聯的鬥爭，美國國內興起的一波強烈的反共黨運動（或說是恐共症候群），開始大規模清算共產黨在美國的組織與活動。第一波運動是聯邦調查局長胡佛從1949年起，對愛因斯坦的一連串惡毒毀謗和迫害，因他認為愛因斯坦在二戰前曾對共黨革命表示同情，因此有可能會背叛美國。造成最大傷害的事件，可能是共和黨參議員麥卡錫（Joseph McCarthy, 1908-1957）在1950年2月起，所開啟那為期五年之久，充滿猜疑、毀謗、誤判等詭異氣氛的「麥卡錫時代」。

在那五年的勦共運動中，對可疑人物所做的一連串逮捕和摧毀的舉動，成了政府的家常便飯。因不參加清理共黨活動而失去工作、甚至自殺的人數高達好幾萬人。最著名的受害者是主持曼哈頓計畫的核彈之父歐本海默，因他在二戰期間曾對蘇聯表示同情，在1954年被美國政府解除所有職務。而引爆全球反美情緒高潮的是羅森堡夫婦（Julius & Ethel Rosenberg）事件，他們被密告在戰時曾將核彈秘密洩漏給蘇聯而被判處死刑，並在隔年執行。此密告事件引爆眾人累積已久的不滿情緒，於1951年4月行刑前夕，成千上萬人走上巴黎、倫敦、羅馬、紐約、華盛頓等城市的街頭。而這事件後來被證實，是密告者故意編織偽證以求自保的典型麥卡錫時代的迫害事件。

加速毀滅：超核彈的發明

在日本宣布投降、二戰正式結束後，與曼哈頓計畫有關的、分散全美三十幾處試驗場和數十萬工作人員，頓時失去目標、工廠停擺、人員閒置，景況相當失落。美國政府為挽救這龐大的國防能量和優勢，於1946年由國會通過麥克馬洪核能法案（McMahon bill），以持續核彈和核能和平用途的發展，並於1950年由杜魯門總統，無視於眾多科學家的反對，斷然宣布發展威力遠大於廣島核彈的氫彈。兩年後的

1952年11月，世界上第一顆氫彈的試爆在太平洋的馬紹爾群島進行。所用的核爆燃料是液態氘、氚混合物，作用原理是以高壓、高溫引爆氘和氚的核融合而瞬間釋放巨大能量，是愛因斯坦公式$E = mc^2$的另一種較高效率應用。此彈重量高達65噸，爆炸威力約是廣島核彈的150倍。

1953年8月，蘇聯也引爆了一顆氫彈，其威力是美國氫彈好幾倍。聽說後來他們也曾設計一種所謂的「氫鈾彈」，即在氫彈外面再包上一層鈾238，其爆炸威力更是氫彈的數十倍，但爆炸後的放射性污染程度特別嚴重，故又被稱為「骯髒氫彈」。在1978年，美國又宣布要生產「中子彈」，是一種小型氫彈，爆炸威力約1000噸TNT，乃是藉由微量（約幾十克）的氚融合而瞬間產生大量中子輻射，讓500米半徑內的人會受到三度灼傷，1000米半徑內的人會失去知覺而在2天內死亡，但其爆炸威力對混泥土建築卻未造成任何破壞。所以有笑話形容大量解聘員工的公司主管像是一顆中子彈，只造成人員傷亡，建築物卻仍安在。美國庫存的中子彈在1992年冷戰結束後，由布希總統宣布開始逐步除役，在2003年時已全數完成。

激情後的理性：承諾與禁止

二戰結束後，各主要參戰國在眼見核彈於戰略上所具

不可比擬的優勢後，都卯盡全力投入發展核彈。平均而言，
從1945年以後，大約每5年就有一個國家研發出製造核彈技
術，成為核彈俱樂部成員。譬如蘇聯在1949年就成功試爆
第一顆鈽彈，還有英國在1952年10月、法國在1960年2月、
中國在1964年10月，都成功試爆第一顆核彈。南非曾在1985
年時被懷疑擁有核武技術，但後因白人政府垮台而宣告停
止核武發展。南亞兩個相互敵視國家，印度和巴基斯坦，也
各自投入核武研發，並分別在1973年和1987年試爆成功。以
色列和北韓這兩個長期處於戰爭狀態的國家，也分別在1970
年和2009年成功試爆核彈。中東國家伊朗也正想方設法的從
各種可靠來源取得製造核彈技術，用以發動小規模的恐怖攻
擊，所幸至今仍未成功。伊拉克也曾被認為可能擁有核武，
但波斯灣戰爭後證實伊拉克並無核武，只有提煉濃縮鈾和鈽
的相關設備。綜言之，真正核武俱樂部成員國家分別是美國
（1945）、蘇俄（1949）、英國（1952）、法國（1960）、
中國（1964）、以色列（1970）、印度（1973）、巴基斯坦
（1987）、烏克蘭（1990）、北韓（2009）等10國。在這些
區域性的未爆核彈中，若有任何一個不幸發生失控而引爆
時，在保證相互毀滅的核子戰略特性下，恐怕就是人類文明
進行毀滅的開始。

　　對於核爆的恐懼與輻射外洩的顧慮，二戰後的戰勝國政
府均相當慎重檢視核武器管理以及核子試爆安全性的議題。

在美國，杜魯門政府成立原子能委員會以提倡、管理原子能在科學研究及資訊交流的和平用途。國際上，對於美國與蘇聯之間核子武器和傳統武器的軍備競賽，美國戰爭部長史汀森（Henry Stimson, 1867-1950）曾建議杜魯門總統應停止美蘇兩國間的核武競賽。隨後，美國、英國和蘇聯著手進行全面性禁止核爆的協商，並於1963年在莫斯科簽署「限制核爆條約」（Limited test ban treaty, LTBT），約定108個締約國承諾禁止在除了地下空間以外的區域，如大氣層、水面下、外太空等，進行任何形式的核爆。然而，這禁試條約在中國的核彈試爆成功後，很快的就成為一紙空文。

從此，各國競相展開核爆以展示國力，全球核爆次數在1958年達到頂峰，該年美蘇兩國合計就超過80次。這情況持續到1985年之前，平均每年試爆次數均維持在50次左右。所幸，蘇聯政體在1991年瓦解，此後核子試爆次數急速減少；到2000年時，全球各國幾乎全數停止試爆。由統計數據顯示，從1946至1995的五十年間，全球核彈試爆的次數總共是2045次，其中美國1030次，蘇聯715次，法國210次，英國45次，中國45次。同一時期各國所投入核武的經費也是高的嚇人；以美國為例，這五十年間總共投入超過5.5兆美元發展核武，平均每年1,100億美元，等值於3.3兆台幣，是台灣中央政府年度預算的1.8倍。

全球核彈頭的庫存量也是從1960年後急速增加，美國在

1965年達到頂峰，約有30,000顆的核彈頭。蘇聯則在1985年
達到頂峰，約有40,000顆核彈頭；當年全球約有70,000顆核
彈頭，然後就逐年迅速減少。到2010年時，全球核彈頭庫存
量已減少到20,000顆左右，此迅速減量與蘇聯政體瓦解、美
蘇冷戰結束後，陸續簽訂與限制核武相關的條約陸續生效有
密切關係（圖2.8）。這些合約中，以聯合國裁軍會議在1993
年所訂的「全面禁止核子試爆條約」的規模最大。最近，於

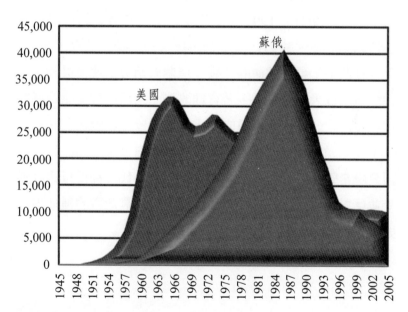

圖2.8　美蘇兩國核彈頭庫存量隨年代變化情形。
Source:http://upload.wikimedia.org/wikipedia/commons/5/5d/US_and_
USSR_nuclear_stockpiles.png

2010年，美俄兩國又簽訂「新削減戰略武器條約」，規定雙方自2011年生效後的七年內，需將核武兵工廠數量減少至700座，核彈頭數量限制在1,550枚以下，飛彈發射架和轟炸機數量減少到800架，彈道飛彈不得超過700枚等。

　　這些從發展核武演變到限制核武的全球戲碼，紮實且激情地在人類歷史舞台上演超過半世紀，其源頭就是曼哈頓計畫。因這計畫，地球上產生了三顆原子彈，頭一顆用於試爆，其他兩顆則造成135,000人立即死亡，另有約200,000人受傷。這事件在1999年被美國新聞機構選為20世紀百大事件的第一名。也因此日本宣布無條件投降，結束了歷經7年、奪取上千萬人性命的二戰。這個人類史上規模最大、以毀滅敵人為天職的計畫，著實地改變了人類近代文明的發展進程。為紀念這影響深遠的計畫，美國參、眾兩院在2013年間，先後通過設立「曼哈頓計畫國家歷史公園」的法案。美國政府希望透過這歷史公園的建立，讓後代子孫得以親身感受並反思，這人類史上最激情時期所發生最危險的種種事件與後果。

Chapter 3

核電：
便宜到無法計費

曼哈頓核彈計畫展開史無前例的龐大科學研究，所投入的人力和物力的規模皆屬空前。然而，當廣島、長崎兩顆核彈在日本上空引爆而結束二戰後，所有參與計畫人員在慶祝戰爭勝利的激情過後，頓時突感前途茫然，不知道下一步將如何走。美國政府對所留下來的龐大設備，尤其是對提煉鈾和鈽元素的兩大試驗場的後續使用，更需一套完整的計畫以延續、甚至放大其原訂功能。而這套計畫是在艾森豪總統（David Eisenhower, 1890-1969）任內敲定。

　　1952年11月的一天早上，艾森豪總統在例行聽取幕僚對世界局勢和核子武器之發展現況分析時，得知一週前美國剛成功試爆第一顆氫彈，其威力約是廣島核彈的150倍，當作試爆場的太平洋小島已變成一口直徑1.6公里的海底坑洞。幕僚的報告令這位曾是二戰盟軍統帥的美國總統戒慎恐懼，因數據顯示美國現在所擁有的毀滅性核子力量，已經超過二戰期間全球所用的火藥威力。美國如此，蘇聯也不遑多讓；在成功的諜報工作所取得的技術支援下，蘇聯在戰後四年內，即1949年，就成功引爆第一顆鈽彈，隨後又在1953年8月也引爆第一顆氫彈。這急速的核武競賽，讓美蘇陷入「保證相互毀滅」的恐懼中；到1991年蘇聯解體之前，這以「相互嚇阻」為內容的冷戰維持長達43年之久。

　　對核武的恐懼和對蘇聯的不安，瀰漫在二戰「唯一戰勝國」的美國政府與民間，才會讓在1950年發起的「麥卡錫除

共主義」橫行達五年之久。在這充滿恐懼的氛圍下,艾森豪
總統在1953年12月8日舉行的聯合國大會發表演說,呼籲美
蘇放緩核武競賽速度,並一起努力為人類發展「原子能的和
平用途」,開啟了全球核能發電的風潮。

早期發展:李高佛的領導

　　核能發電的核心技術是反應爐的爐心設計,放射性元素
在爐心中進行可受控制的核分裂連鎖反應,並利用核分裂所
產生的大量熱能,將水變成高溫蒸汽以推動汽渦輪機和發電
機。不同款式的反應爐的爐心設計大致相同,主要是由一組
可產生核分裂的燃料棒,和一組可以吸收中子以減緩分裂速
度的控制棒所組成。有所不同的是所採用的冷卻裝置;為防
止爐心過熱需有冷卻液在爐心四周流動,曾有設計用重水當
作冷卻液(如加拿大),也有用氣體來冷卻(如英國),然
而用普通水(或稱輕水)來冷卻的技術(如美國)則成為後
來的設計主流,目前全球約有90%以上的反應爐皆採這種輕
水冷卻設計。核燃料方面,所有設計都採用鈾235同位素,
只是其濃度比核彈燃料低,但要高於可產生「能受控制連鎖
反應」的最低值。然而,首先使用輕水式反應爐的機構是美
國海軍,他們決定要將核能用於潛艇和航空母艦,而美國海
軍上將李高佛(Hyman Rickover, 1900-1986)(圖3.1上)則

是整體計畫的靈魂人物，後被稱核子海軍之父，同時也是核電工業之父。

　　李高佛在六歲時，隨母親和妹妹從波蘭的一個猶太村莊移民美國與父親相聚。一家人在美國生活極為窮困，所以他在九歲就開始打工，因著自己的努力與毅力，高中後順利進入美國海軍官校就讀。畢業後，曾在兩艘柴油動力潛艇服役，二戰後被派往田納西州橡樹嶺（Oak Ridge）的核彈研究單位，學習核能用在發電的技術。首先吸引李高佛注意的是阿貝爾森（Philip Abelson, 1913-2004）所寫，一篇將核子反應爐裝在潛艇的技術報告。阿貝爾森曾參與曼哈頓計畫，在橡樹嶺參與鈾235提煉技術也發現多種新元素，其同僚如阿法列茲（Luis Alvarez, 1911-1988）和麥克米蘭（Edwin McMillan, 1907-1991）都得過諾貝爾獎。他在報告裡強調，核子動力應用於潛艇不但可以免除柴電潛艇續航力短的致命因素，更可大幅提升潛艇戰力和戰略優勢，甚至做為飛彈發射平台，讓敵軍難以掌握發射地點。當時已經官拜海軍上校的李高佛，深深瞭解這戰略優勢的含意，故從1946年起，他帶領所屬研究小組，前後花了五年時間，研究核子潛艇的可行性，這項研究成果在1951年獲得美國國會和海軍的共同肯定，因此啟動核子潛艇發展計畫，並將這潛艇命名為鸚鵡螺號（USS Nautilus SSN-571）（圖3.1下）。

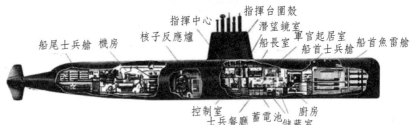

圖3.1　　（上圖）李高佛海軍上將肖像。（下圖）鸚鵡螺號潛艇剖面圖。船身後半段含核反應爐和傳動系統。前半段含人員活動空間和魚雷發射設備。

http://en.wikipedia.org/wiki/File:Hyman_Rickover_1955.jpg http://www.robinsonlibrary.com/naval/navies/unitedstates/ships/nautilus.htm

　　在李高佛的優異領導下，這艘核子動力潛艇在1954年開始服役，並在1958年成功地穿越北極冰帽，從太平洋的白令海峽，穿越北極而駛入大西洋，持續潛航2,200公里未浮出水面。整個鸚鵡螺號潛艇計畫，從收集資料到完工服役，是在短短的7年內完成，而不是他人預期的25年，這完

全是李高佛高超的領導統御之功。在開始建構核子潛艇構想之初，李高佛就注意到發展核子動力和發展核彈的考量點大不相同。核彈技術的設計重心，是在保證能順利啓動爆炸並達到毀滅威力；但核子動力設計，則要保證反應爐作用期間的絕對安全和穩定運作。爲達成這項以「安全、穩定」爲訴求的任務，李高佛對其所帶領的團隊實施嚴格的訓練，同時祭以鐵的紀律，並爲這脆弱且危險的產業，訂定了前所未聞的高規格工程與技術規範。所產生的成果不但使核子潛艇在技術、工程、建造等方面，都能在創紀錄的短時間內完成；更在美國海軍中，培養了一批帶有嚴謹技術和嚴格紀律的核子海軍軍官，這批人後來則成爲帶領美國核電工業蓬勃發展的核心人物。這些軍官中，有一位名叫卡特（James Carter, 1924～）的中尉軍官，後來成爲美國第39任總統，在他任內剛好發生三哩島核災事件。

　　發展核子潛艇的關鍵技術是反應爐的建造。當時美國所發展的反應爐有兩種：奇異公司（General Electric Co.）的沸水式反應爐（Boiled Water Reactor, BWR）（圖3.2）與西屋公司（Westing House Co.）的壓水式反應爐（Pressurized Water Reactor, PWR）（圖3.3）。沸水式反應爐只有一套熱交換系統，讓水直接進入爐心與燃料棒接觸，吸收熱量成爲高溫高壓蒸汽後，推動汽渦輪機和發電機，然後冷凝成水再進行另一次循環。壓水式反應爐則有兩套熱交換系統，第一

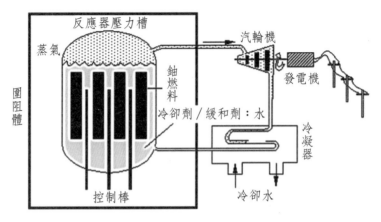

圖3.2　奇異公司的沸水式反應爐功能示意圖
http://vm.nthu.edu.tw/science/shows/nue/images/bwrillu.gif.

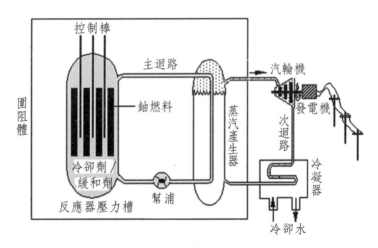

圖3.3　西屋公司的壓水式反應爐功能示意圖
http://vm.nthu.edu.tw/science/shows/nue/images/pwrstruc.gif.

套熱交換系統是將加壓過的水帶入爐心吸收熱量，然後進入熱交換器中把熱量傳給第二套熱交換系統的水，把這水加溫成蒸汽來推動汽渦輪機和發電機。雖然PWR比BWR多一套熱交換系統，所以結構較為複雜，且增加了能量損耗以及額外的成本與重量；但前者在操作時較為安全可靠，且負責推動汽渦輪機的蒸汽完全不與燃料棒接觸，讓汽渦輪機等機構較不容易受到放射性污染或腐蝕。因這緣故，李高佛選擇了PWR，並在1952年初和西屋公司簽約，1953年6月就成功地進行機組全額發電試運轉。這編號為S2W（S表潛艇，2表第二代，W表西屋）的反應爐以及汽渦輪機、發電機、傳動機構等所構成的動力系統，約佔據了鸚鵡螺號的後半段艦體（見圖3.1下）。

鸚鵡螺號在服役期間打破多項潛艇紀錄，更到過許多潛艇所無法到達的海域；在1980年正式除役前，鸚鵡螺號共航行了五十多萬浬；服役的25年期間，反應爐的運轉沒有出過問題，更沒有發生一直被外界質疑可能產生的輻射物質外洩；後來更被改進成空前快速且極為安靜的潛艇推進器；這些優異的成果，讓壓水式反應爐和所屬的動力設備的穩定性與安全性倍受肯定。很快的，這核子動力技術也應用在航空母艦、巡洋艦和驅逐艦，在1986年李高佛退伍時，美國海軍有40%的主要作戰艦艇都已經改裝成核子動力。這跨時代偉大的成就，讓李高佛被尊稱為「核子海軍之父」。

軍事技術的和平用途：政策急轉彎

在建造鸚鵡螺號的同時，李高佛也想將核動力系統建置在航空母艦上，並提出相關造艦計畫。但此計畫費用太高，所以當艾森豪總統在聯合國大會發表演說，宣布「原子能的和平用途」後，此航母計畫就被順勢取消。而美國各界對原子能的和平用途（即核電）的構想則反應熱烈，當時擔任原子能委員會主席的史特勞斯（Lewis Strauss, 1896-1974）認為核能電廠將會產生「便宜到無法計費」的電力。

美國第一座商用核能電廠建在賓州船運港（Shipping Port），總裝置容量達60MW（MW：1百萬瓦，功率單位），於1957年開始發電。這電廠的設計和建造都是由李高佛負責，隨後25年的營運也是由他全程監督。反應爐設計是以潛艇系統為基礎，借用當時預定擴展到航母規模的設計，再增加許多安全方面的設計，最終建構成一具功能遠超過表定規格的商用核電反應爐。這反應爐在25年的運轉期間內，總共產生74億度電力，使用率高達57%。運轉期間更換過三次爐心，卻未曾發生過任何核災事故，再次證實李高佛一絲不苟的領導風格，和他底下那紀律嚴明的團隊，是這複雜且危險工程的成功之鑰。

但是船運港核電廠並非全球第一座商用核電廠，而是蘇聯的歐布寧斯克（Obninsk）電廠，位於莫斯科西南方110公

里的Obninsk科學城內，於1951年1月開始建造，1954年6月完工，可供電能5MW、熱能30MW。然而，因其服務範圍很小，只包括當地集體農場、工廠、和幾千位居民，故嚴格來說並不是一座商用電廠。在2002年正式除役前共運轉48年，期間並無重大核災事變發生。所用反應爐是蘇聯發展的壓力管式沸水反應爐，以石墨作為控制材料。在1986年發生全球最大核災的車諾比電廠，其反應爐就是採同一款式設計。

核災是種全新的人為災害，這類事故不像其他大型災難，如水庫崩塌、飛機失事、船舶沉沒、工廠爆炸等事故，屬單一事故、歷時較短、可以在短時間內救援恢復。核災對人命的立即傷害可能不會比前述事故大，但災變所造成的環境和人體的永久性傷害，都是歷時長久、需付出龐大社會成本，卻不一定可以恢復的事故。在船運港核電廠開始營運之際，國際上就曾發生兩次反應爐災變，一次在英國，另一次在蘇聯。因為兩者都是軍用反應爐，所以對商用核電發展的影響不大，但對環境和生態影響卻是很大。

壯志未酬難先起：兩次核災

在核電技術進入商轉的前幾年，整個核電產業可說是走的跌跌撞撞，狀況頻繁。在1957年，就連續發生兩起反應爐災變，一起發生在英國Windscale，另一起發生在蘇聯

Kyshtym。兩起事故雖無相互關聯，起因和型態也完全不同，但造成的傷害卻都很驚人，兩起事故現場至今都仍未恢復。我們先從資訊比較透明的英國事故說起。

英國爲了趕上在二戰期間落後的核彈研製進度，於1956年在Windscale建造了兩座核反應爐用來生產鈽元素。反應爐心由石墨塊組成，石墨塊內鑽有管洞以填充金屬鈾和同位素卡匣。這些卡匣暴露在中子撞擊區內，讓裡面的鈾元素受中子撞擊後，蛻變成鈽和放射性同位素。反應爐設計以氣冷方式來冷卻爐心累積的高溫，升溫後的氣體再由爐體的煙囪排走。但是，在1957年10月的一次操作中，石墨控制裝置中累積的熱（俗稱Wigner Heat）來不及由氣冷裝置帶走，進而發生1號反應爐之爐心融解。火勢從金屬鈾燃料棒燒起，因溫度感應器埋在石墨塊中，未能在起火時立即發出警告。當操作人員發現排煙口的輻射指數超標，進一步發現爐心溫度高達1,300℃、結構體已經火紅呈融毀狀態時，一切都太晚了，所有滅火功能都失效。最後，經過24小時的大量澆水冷卻後，火勢才被控制而緩和下來。

這次核災讓大量的輻射物質如碘、銫、鈽、氙、鍶等元素之同位素，從大氣中飄散至英國和歐洲大陸，其中碘同位素讓災區約240位居民罹患甲狀腺癌，災區周圍500平方公里內的牛奶禁用一個月。事發後，燃料棒被移除，建築物含排熱煙囪被拆除，但爐心仍保留至最近才予以處理，因爲當時

爐心內情況不明，預估仍存有損毀核燃料棒約6400支和同位素卡匣約1700個，另還有受高度輻射污染的許多物質，融毀爐心內仍有程度不明的核分裂反應。從核災後至今超過50年期間，這地區平均每天都會產生約800萬公升的核廢料倒入大海中，而且管線常出問題而洩漏核輻射。此事故被國際原能總署（International Atomic Energy Agency, IAEA）列為最嚴重的七級核災事故。

在核災發生後50年的2008年，英國再啟動核災調查，以電腦模擬分析推論爐心不會再發生核分裂反應後，科學家開始擬定移除遺留在爐心內輻射物質的計畫。拆毀程序是從爐心蓋的移除開始，然後從爐心兩邊進入移除燃料棒和同位素卡匣，構成爐心主體的石墨塊也被逐塊搬離，最後是拆除反應爐外已受輻射污染的建築。這移除爐心的工程已於2011年5月順利完成，移除程序則被列為核電廠除役的標準作業方針之一。

現在轉談蘇聯事故。蘇聯軍方於1945～1948年間，陸續建造六座反應爐於Ozyorsk小鎮的Mayak實驗場內，全是用來提煉鈽元素的設備。因這兩處地名都不在地圖上，故此災害以附近小城Kyshtym命名。反應爐屬水冷式，起初冷卻水直接倒入湖中，核廢料則倒入河中而流入北極海。但這嚴重污染水域的舉動，隨即引起鄰近國家的強烈抗議，蘇聯當局因此將核廢料改成儲裝於核廢料筒內，再將所有廢料筒存放在

地下的混凝土圍體中,並設有冷卻裝置以降低廢料內的殘留反應所生的熱量。

然而,這儲存場的冷卻設計出現嚴重瑕疵,導致一處存有80噸核廢料(大都是液態的氮酸銨和醋酸鹽)的冷卻設備故障,溫度逐漸上升卻未發覺。累積的能量在1957年9月29日爆發,這威力約100噸TNT的核爆,將160噸重的地底混凝土圍體炸成脆片並拋入空中,輻射物質如銫和鍶之同位素,隨風飄散數百公里,影響範圍達20,000平方公里,共有22個村落居民約1萬人被撤離。隔年西方國家才知道有這事故,直到1976年第一份正式報告才公諸於世。因這事故傷亡的人數眾說紛紜,較可靠的數據可能是:發生皮膚病變者超過千人、罹患甲狀腺癌者超過百人,後者大都是居住在傾倒核廢料的河邊。這事故被IAEA列為嚴重的六級核災事故。

利之所趨:前仆後繼

這兩起屬嚴重等級的核災事故並未引起國際過多關注,可能是這兩起事故之反應爐都是軍事用提煉鈽同位素的設計,並非商用核電廠規格,所以在安全上的考究不如預期是可以理解,也應有適當方法可以用來改善。另外,也可能因為廣島和長崎的核爆剛過,民眾對核災的印象並不陌生,對核災的恐懼還不如對核電的期待。最後,也可能因當年全球

核武競賽所作的核彈試爆每年達數十次，對這兩次零星的核災不會特別在意。因此，有參與核彈計畫的國家，基本上都仍然同時在發展核電，如美國、蘇聯、英國、加拿大、法國等，發展速度沒有因這兩次嚴重核災而減緩。

在早期發展中，蘇聯發展石墨壓水式輕水反應爐（圖3.4），以濃縮鈾為燃料；但因冷卻機制的安全設計不可靠，只用在蘇聯境內，1986年車諾比核災的反應爐就屬這型設計。英國在Windscale核災後記取教訓，新設計一款石墨氣冷式反應爐，以CO_2為冷卻劑，將非濃縮鈾燃料（約5%的鈾235）裝在金屬（先是氧化鎂，後改成不鏽鋼）棒內，目前

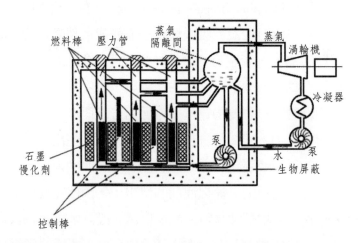

圖3.4　蘇聯所發展的石墨壓力式輕水反應爐與其壓力管的橫切面示意圖。http://www.world-nuclear.org/uploadedImages/org/info/Safety_and_Security/Safety_of_Plants/rbmk%201000.gif

在英國有18座核電廠採用這型反應爐，日本和義大利也各有一座電廠採用。法國則模仿英國的氣冷式設計，但把裝填燃料的金屬棒材料改為鎂鋯合金，1959年起共有9座法國核電廠採用此技術。加拿大因國內富藏鈾礦，故致力發展核電技術，因而發展出重水反應爐；聽說此技術是在二戰期間，從納粹設在挪威的核彈研究單位偷來的，後由英國和加拿大合作發展成核電技術。在美國，則一直以輕水反應爐為發展主軸，但分為壓水式和沸水式兩種，分別屬於西屋公司和奇異公司。

1960年代初期，為增加鈾礦的使用效率，核電業者發展出快滋生反應爐（Fast breeder reactor，圖3.5），利用增殖性材料（如鈾238或釷232）吸收快中子而變成可裂變物質（如鈾235或鈽239），產生自行製造核燃料的效果。如圖1.10所示，核燃料每次的裂變所產生的快中子，再次激發核分裂而形成連鎖反應。可裂變物質量一方面因分裂而減少，另一方面因增殖而增加，若增加量超過減少者，就滋生出新燃料，因此得名。反應爐要達到滋生的功能，一方面必須有效利用快中子，另一方面則需捕捉洩漏的快中子，因此在反應器外圍需另包覆一層增殖性材料。故反應爐之設計需確定每次分裂所放出的中子數（稱為 η 值）必須大於2，才能達到滋生的目的。以鈾235、鈽239和鈾233等做為可裂變物質的 η 值分別為2.10、2.45和2.31，而鈾238是天然鈾礦中含量最多的

鈾同位素，故以鈽239為可裂變物質（ η 值最大）、鈾238為增殖性材料的快滋生反應爐的效率最高。

　　一般的快滋生反應爐可使鈾燃料的利用率增加50倍，但反應過程中會產生更多高放射性廢料，亦可用於製造核彈燃料，對限制核武產生威脅。因此前美國總統卡特於1977年宣佈禁止發展，英國、法國和德國也都跟進，隨後因1979三哩島核災讓全球核電工業幾乎瓦解，又因加拿大、澳洲、南非等地新發掘鈾礦倍增，發展快滋生反應爐的誘因迅速消失而陷入長期停頓。直到21世紀初，核電需求因氣候變遷議題而上升，各國發展計畫又紛紛出爐。譬如最近的2014年5月，日本首相安倍晉三（Shinzo Abe）和法國總統歐蘭德（Francois Hollande）發表聯合聲明，宣佈兩國將合作研發被稱為Astrid的第四代核能快滋生反應爐；在同量的鈾燃料下，Astrid可產生的電力是輕水反應爐的100倍。

　　建基於這些早期技術，1960年代以後全球核電蓬勃發展，發展的方向是朝大型機組設計，另在安全機制上有多重強化。美國方面，1970年以前全國已有9.3GW（GW：10億瓦，功率單位）的核電裝置容量，在1970～1990的二十年之間，平均以每年增加5GW的速度增建；在1990年時，全國已有115GW的核電裝置容量，但這規模至今幾乎沒變，此乃受三哩島核災之影響所致。在蘇聯方面，發展規模比美國小很多：1970年以前全國只有0.84GW，隨後二十年間，平均

核能關鍵報告

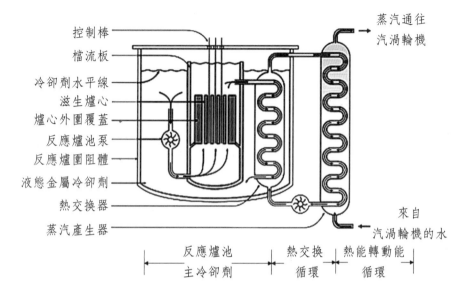

圖3.5　以液態金屬（液態鈉）冷卻之快滋生反應爐作用原理示意
圖。http://zh.wikipedia.org/zh-tw/%E5%BF%AB%E6%BB%8B%E7%9
4%9F%E5%8F%8D%E6%87%89%E5%99%A8

每年增建約1GW，至今全國有25GW的裝置容量。日本雖是
二戰的核彈受難國，但因缺乏自有能源，卻又需供應急速發
展的工業用電，所以核電的發展速度甚至超越美國；雖在
1970年以前全國只有0.8GW，但往後三十年間，平均每年增
建1.4GW，絲毫不受三哩島或車諾比核災的影響；至今全國
有49GW的裝置容量，幾乎是美國的一半，僅次於美國和法
國，全球排名第三。

　　法國在核能發展上也是不遺餘力，在1970年以前全國已

有1.3GW，隨後三十年間，以每年平均1.8GW的速度增建，到2000年時全國已有57GW的裝置容量，與現今的67GW相去不遠，全球排名第二。英國在核電的發展則較為保守，雖在1970年以前全國已有3GW的裝置容量，但隨後二十年間，平均每年的增建量只有0.4GW，在2000年時全國裝置容量是13GW，與現今完全相同。全球核電的發展也隨美國腳步前進，從1965年起，全球核電廠興建數量飛速上升，至今總裝置容量已超過430GW，其中約有三分之一在北美，三分之一在歐洲，另三分之一則分散在亞洲和東歐等。

如這些統計數據所示，各國的核電發展趨勢在1990年以前大致相同，之後則因發生幾次核災而開始分道揚鑣。其中以美國受核災的影響最早也最明顯，蘇聯在車諾比核災後的發展也是幾乎停頓；英國則因早期核災所留下揮之不去的陰影，整體發展速度明顯落後於其他核武俱樂部會員國；法國和日本則因在自有能源上的需求，發展成高度仰賴核電的國家。以下我們就以上述幾個國家在核電上的發展，說明核電發展期間在各面向所發生的事件。

資本主義核電：美國的算盤

在1957年船運港核電廠完成運轉測試並正式併聯電網發電後，一股興建商用核電廠的流行風在美國各地吹行。早期

建立在紐澤西州蠔溪（Oyster Creek）核電廠是一成功案例，建廠工程在1963年開工，1969年完工並開始營運，至今已超過40年。隨後幾年，美國各州的電力公司先後與奇異和西屋兩公司簽訂了超過50座核電廠的興建合約。然而，這全美核電瘋潮在1979年3月28日發生了戲劇性的變化，因在這天爆發了全球第一次商用核電廠爐心融毀事故，事故電廠位於美國賓州，頓時驚醒了美國核電夢。

發生事故的是美國三哩島核電廠，位於賓州Susque-hanna河邊的三哩島上。廠內有兩套機組，1號機組裝置容量852MW，於1974年4月啓動；2號機組裝置容量906MW，於1978年12月底開始運轉。兩套機組都是壓水式反應器，其內有兩個水循環系統，機組設備較爲複雜，故其內設有多種安全系統，其中較重要的有緊急爐心冷卻系統和輔助飼水系統。事故發生在1979年3月28日清晨4時半，2號反應爐主給水泵故障停轉，副給水泵雖按設定程序啓動，但給水迴路閥門卻沒正常開啓，冷卻水無法進入爐心，導致爐心熱量持續累積，溫度因此急速上升而燒乾爐內蒸汽。當操作人員發現溫度異常，改以手動操控失能的閥門時，爐心已有47%融毀並開始泄漏。在一連串的機械故障和操作錯誤後，數百個警報同時響起，現場一片狼籍。到晚上8時左右，冷卻水泵重新啓動後，反應爐高溫才得到有效控制。事故結果是2號機組爐心部份融毀，1號機組立即停機，整體事故被歸爲第

五級災害。當時正好有一部與核災有關的電影「大特寫」（The China Syndrome）描寫一座反應爐的爐心溶解，灼熱的核燃料溶液貫穿地殼，流到地球另一邊的中國的故事，進一步刺激民眾的恐懼。

事後檢查發現，很幸運的，約有20噸的二氧化鈾仍堆積在反應爐壓力槽底部，大多數放射性物質仍留置於反應爐的安全圍體內，只有少數泄漏到周圍環境中。檢查報告將發生事故的主因歸咎於現場人員的操作錯誤和機械故障。當地政府於3月30日下令疏散核電廠8公里範圍內的學齡前兒童和孕婦。事後調查指出，在半徑80公里範圍內的220萬居民中，無人有急性輻射反應，癌症發生率沒有明顯增加，動植物也沒有異常現象。雖然此事故並未嚴重危害公共安全或對周圍居民的健康造成不良影響，但所造成的直接經濟損失達10億美元，此後30年美國未曾再發過新核電廠建照，正在施工的電廠因安檢嚴格均延長工期，最後一座到1996年才完工，全球130餘座興建中或將興建的核電廠計畫被取消，全球核電產業從此陷入長達30年的衰退等，影響深遠。

三哩島事故現場的處理工作從1984年才開始，主要對象是已經毀損的2號機，從解體反應爐上蓋、移除核燃料、搬運爐心殘骸、清理223萬加侖放射性污染水等，總共花了10年、3億美元才完成。未受損害的1號機則在1990年重新啟動，並在2013年通過延役20年之審查，將運轉到2034年止。

三哩島核災後，美國政府在李高佛的建議下，提出多項改善建議，項項嚴格；尤其在人員的操作訓練、執勤時的紀律要求、電廠機組的標準化等，均需有實質的改善才能避免重蹈覆轍。他同時也警告當時的總統卡特，不能依賴人力遠遠不足的政府主管機關做核安管理，應該在各電力公司間合作成立一個具專業技術知識與能力的機構，才能協調一致地推動商用核電計畫。後來對核電廠嚴格執行監督與考核的「核電營運協會」，就是根據李高佛的建議而成立的。

經過徹底檢討後，美國政府對發展核電的政策依然不變，最後還是有100多座反應爐運轉發電，1980年代的美國有超過20%的電力是由核能電廠供應，即使到30年後的2010年代，這供電比例仍然一樣，但總供電量幾乎成長一倍，總反應爐數目卻維持原狀，這要歸功於核電技術的改善和供電穩定性的提升，運轉時間從30年前的55%，穩健進步到現今的90%以上。這也要歸功李高佛一手訓練的海軍老手協助，讓電廠營運效能大幅改善，並能在管理層面上做嚴格要求。

經過三哩島核災考驗，後來發生的2011年日本福島核災對美國的核能政策就沒有多大影響。美國政府仍然繼續核准舊電廠延役申請、新電廠興建貸款等。但仍有電力公司取消興建大型核電廠的計畫，表面上的原因是政府許可的速度太慢，讓投資效益消失；真正的原因可能是公司改變營運方向，轉向興建中小型核電廠的經營模式。這類中小型新款反

應爐添加許多有利於營運的特性，例如在設計中加入更多的「不須柴油電力的緊急冷卻系統」等裝置的被動式安全功能，同時推動反應爐設計標準化。標準化的結果是反應爐的規格縮小、設計更為簡單、選址更有彈性、成本進一步降低、工時大量縮短等。因此，整體建廠可以模組化，電廠規模更有彈性，建廠和營運的財務風險均可降低。

　　另外，核准舊電廠延役是美國的核能政策核心之一，也是在面對電力供應可能短缺問題所不得不採取的措施。因從1990年開始，美國就馬上面對有幾十座在60年代建好的反應爐，不久就要面臨40年限齡除役的問題，所以檢討延役問題與開發相關技術變成美國政府的當務之急。故在1995年，出身貝爾實驗室的物理學家傑克森（Shirley Jackson）出任核子管制委員會主委後，馬上著手研究核電廠申請延役的相關規定，最後出爐的延役基本原則是需以新工具和新技術來更新核電廠的安全系統。根據這原則，到2010年止，美國的128座反應爐中，已經有50座以上獲得核准延役20年。另一方面，如果延役申請沒過，該反應爐就馬上要進入關廠程序進行除役。

　　然而，要確保核電供電量維持當前的20%，延役手段仍遠遠不足，還需加蓋新的核電廠。所以，歐巴馬總統就在2010年核准一筆貸款給美國南方電力公司興建6GW的反應爐。這項根據能源政策法案所核定的貸款，開啟了美國核電

新動力，至今已有30座新反應爐合約已經簽訂或正在商議，所有新建反應爐都建在原有廠址內，但仍有不少合約因管制過嚴和成本提升等問題，有可能半途而廢。

威權體制核電：蘇聯的悲劇

蘇聯所發展的壓力管式石墨沸水反應爐，與西屋的壓水式反應爐類似（暱稱東屋），首先使用在位於Obninsk的第一座核電廠，然後推廣到所有後來興建的核電廠，包含1986年發生事故的車諾比電廠。這類反應爐是從生產鈽元素反應爐改裝而來，在安全設計上有許多缺陷，所以當時許多蘇聯科學家不同意將這款設計用在商用機組上。但因建置成本相當低廉，因此政治威權否決了專家意見，在全國廣為興建。在1990年，蘇聯總共有11座核電廠、34座反應爐，總裝置容量達24GW，規模僅次於美國、法國、日本，居世界第四位。

莫非定律說：可能發生的事，終究會發生。果然，在1986年4月，蘇聯的車諾比核電廠發生有史以來最嚴重的爐心融毀事件。車諾比核電廠位於烏克蘭普里皮亞季市，距離南邊的烏克蘭首都基輔約130公里，核電廠由四座「東屋」反應爐組成，每座反應爐能產生1GW的電力，總裝置容量達4GW，可供應烏克蘭約10%的電力，是當時全球規模最大的

核電廠。電廠在1976年起造，1983年底完工。1～3號機組在預定進度下完成，但4號機組卻是在趕進度下完工、許多工法和材料都與原設計不同、完工時未經安全試車、許多部份未採用耐熱材料…等等因素，因而發生問題。

　　災變是發生在1986年4月25日，工作人員趁檢修4號機爐心的空檔，進行測試反應爐對突發狀況如地震或停電時的反應。但測試工作在控制爐心反應速率和冷卻水量的平衡之間發生問題，瞬間爐心溫度急速上升而氣爆，其威力是廣島核彈的500倍以上，結果爐心融毀、包裹反應器的1000噸混凝土圍體爆裂、整廠陷入一片火海，10天後火勢才得以有效控制而逐漸撲滅。爆炸當時，大量鍶、銫、鈽等放射性同位素物質外洩，廠區人員和附近民眾立即產生頭暈、嘔吐反應，進入廠區救援的消防人員有20多人當場死亡，電廠員工有200多人送醫治療。根據不同機構所做報告，因受輻射污染而生病或死亡的人數，從1萬到30萬皆有，災難等級屬最高的第七級核災（圖3.6）。

　　災後雖然蘇聯政府始終否認有發生任何重大事故，但還是立即啟動緊急應變措施，將30公里範圍內居民疏離，但所有物品和食品、家禽和家畜、廠區設備、車輛、機具、廢棄物等，全數就地掩埋。最後報告估計，受輻射嚴重污染範圍超過300公里半徑，面積達16萬平方公里，被疏散居民超過40萬。外洩的輻射塵也隨大氣飄散，涵蓋周圍數千公里內國

家如烏克蘭、白俄羅斯、瑞典、芬蘭等。在廠內，發生事故的4號機組反應爐內，大約還有180噸的燃料殘留，另外還有4公噸以上的放射性塵埃覆蓋廠區。損毀的4號機組目前乃使用混凝土結構包裹，另外三套機組則仍運轉發電至今。

圖3.6　車諾比電廠爐心融毀後之廠區空照圖
http://en.wikipedia.org/wiki/Chernobyl_disaster

　　車諾比核災對蘇聯的影響，和三哩島核災對美國影響一樣，讓蘇聯核電廠的新建幾乎完全停止。從1990年起至今，全國的裝置容量幾乎是停在20GW的水平，直到最近幾年才又新建兩座共4GW的核電機組。但這災害對西歐核電的打擊

則是非常沈重，因為早在三哩島核災之前，歐洲的反核聲浪已經是沸沸揚揚，這次車諾比核災的輻射擴散到許多歐洲國家，更是引起各國政府的高度恐慌。因此，義大利政府保證不再興建核電廠，還要把現有電廠做提早除役處置；瑞典、瑞士、英國和德國都決定暫停核電發展，並訂出逐步廢核計畫。唯一不受動搖的是法國，因為二戰後，歷任法國政府均把「能源獨立」作為能源政策的最高指導原則，而核能是達成能源獨立的必要條件。

武士的核電：日本的宿命

日本的能源處境和法國相似，極度需要在提升能源自主議題上，建立強而有力的能源政策。因此，雖然在二戰末期曾有兩顆核彈在日本國土上空爆炸，但日本戰後在核電技術上那無畏前難的發展，令人印象深刻。1970年以後，日本以每年平均1.3GW的增建速度，持續至2011年發生福島核災之前。如今，日本共有59座反應爐，裝置容量達48GW，僅次於美國和法國，居全球第三；所產生電力可供應全國30%以上的用電。根據日本政府規劃，預計在2030年，核電將供應全國50%的用電需求，但這深含日本武士不畏犧牲的計畫，卻在2011年被一次9級大地震所摧毀。

2011年3月11日下午2時，在日本宮城縣仙台市以東約

130公里處的太平洋海底，發生規模9的超級強震，震源深度為24.4公里，隨後立即引發高度達40公尺的海嘯。當時位於宮城縣海邊的福島第一核電廠的六套沸水反應爐機組，總裝置容量超過4.7GW，並未因地震而受損。但因40米海嘯的襲擊和一連串的人為疏失，導致其中四套機組發生無可挽回的爐心融毀與氣爆。

地震發生當時，容量較大的4、5、6號機組（共2.67GW）正處於停機待檢狀態，較小的1、2、3號機組（共2.03GW）則立刻進入自動停機程序。頓時內，廠內發電功能完全失能，外接電力也因電網被地震損毀而失聯。更嚴重的是，一小時後大海嘯來襲，淹沒了緊急發電機室，致所有冷卻系統全數無法運作，1、2、3號機組爐心開始過熱。在之後的幾個小時到幾天內，這三套機組的爐心先後熔毀並發生氣爆，後來4號機燃料儲存池也因過熱而發生氣爆，最後政府下令動用海水來冷卻反應爐，才暫時緩和擴大爐心融毀危機。9天後，廠區電力恢復供應，冷卻系統才得以啟動。

事故發生後，用來冷卻爐心的海水從混凝土結構的裂縫中持續洩漏，經壕溝或豎坑而進入太平洋中，核電廠附近的海水被具有放射性的碘、銫、釕、碲等同位素所污染。又因爐心發生氣爆，機組圍體爆裂，侵入大氣的輻射物質也隨氣流迅速擴散；據IAEA調查，在距爐心20公里為半徑的區

域內，銫137的劑量高達326萬貝克勒[1]，將近是車諾比核災現場的3倍；因此，日本政府迅速下令撤離該地區的45,000居民。同時，其空域因含輻射氣體，也被政府列為禁航區，久久未能恢復；反應爐在幾個月後才進入冷停機狀態。兩週後，降雨將空氣中的碘131帶入自來水源頭，讓遠在400公里外的東京自來水含碘量超過100貝克勒（兒童最高可承受計量）。事故後，雖無人因事故立即死亡，但約有300位電廠員工曾吸入過量輻射物質；附近居民因即時撤離，受輻射污染的情形較為輕微；當地的農、漁產品都被測出含有超標的輻射物質。整體事故被IAEA列屬最高等級的第七級核災。

　　約一年後的2012年4月，日本政府正式宣布1～4號反應爐已永久毀壞，無法修復；2013年12月又宣布5和6號機組也決定報廢永不使用；由於爐心融毀，移除爐體和圍體的時間可能長達40年。日本政府要面對可能高達3,000億美元的災後重建費用，堪稱是有史以來損失金額最大的災害。這次巨大核災不是因為地震，而是因為海嘯淹沒備用發電機，讓冷卻機組失能而導致爐心融毀。這災難所引出的問題，動搖了全

1　貝克勒（becquerel，縮寫Bq），是一種代表放射性大小的單位，1秒鐘釋放1次輻射線的狀態就是1貝克勒；為紀念法國物理學家貝克勒（Henri Becquerel，1852-1908）發現天然輻射現象之貢獻，以其姓作為放射性單位。

球在車諾比核災後25年內，逐漸重建起來的信心結構。

災後，日本政府馬上關閉所有核電廠，並進行逐廠檢討與檢修，但在以燃氣電力代替核電幾個月內所產生的鉅額營運虧損後，又逐漸恢復核電的供電。在需兼顧經濟發展與確保能源安全的最高指導原則下，雖然在短短70年間日本經歷過兩次巨大核災（先核彈、後核電），但日本政府還是不得不將核電列入為數不多的能源選項中，最優先的項目之一。只是當時將核電供電量提升至全國50%的目標，應不可能如期在2030年達成。

日本是全球唯一受核彈與核電雙重災害所凌虐過的國家，從二戰以來的幾世代百姓還在承受輻射之痛之際，如今為發展經濟仍要擁抱核電，令人不甚欷噓。但深入探討這痛苦抉擇之因後，我們認為：在核安方面，日本人自以為以其傲人的高效率管理，絕對可以防止核電災害；在核廢方面，日本已經成功發展出將核廢料轉化成製作核彈的鈽燃料的再處理技術，是全球少數具有此技術且真正進行大量處理的國家，所囤積的鈽燃料至今已達核彈俱樂部國家號稱的毀滅性規模，其目的當然是要發展核武，以防止中、韓、蘇等鄰國報復二戰之仇。但如今證實，這種同歸於盡的武士如意算盤完全失算，2011年9月所發生的地震與海嘯引發人類有史以來最嚴重的核電災害，所囤積的鈽燃料則在中國的強烈抗議下，將於2014年後陸續運回美國。

國家的核電：法國的豪賭

　　在二戰中被德國統治4年、傷亡超過150萬人的法國，在戰後急於找出國家復興的定位，當時總統戴高樂將軍（General de Gaulle, 1890-1970）隨即鎖定熱門的核能為發展標的。不久，在不負眾人所望之下，1948年就成功建立第一座實驗反應爐，隔年成功地提煉出幾毫克的鈽元素。從此，法國在核電方面的發展幾乎一帆風順，至今從未發生過類似美、英、蘇、日等國所發生的核災事故。

　　法國核電的發展幾乎是和核彈發展同步進行，不只在1950年代成功試爆核彈，成為全球第四個核武俱樂部會員國，還在1970年以前將核電裝置容量衝高到1.3GW之譜，高居當時全球第三，僅次於美國和英國。此後，新電廠的興建速度絲毫不受美國和蘇聯的兩次核災影響，到1990年時裝置容量已達全球第二的50GW，最近二十年又增加了17GW。這些分散在23座核電廠的70座反應爐，供應了全國80%左右的電力。這堅定持續的發展，可說是在1973年石油禁運年代，由龐畢杜總統（Georges Pompidou, 1911-1974）所立下的根基，他認為可讓法國能源獨立的不二做法就是大力發展核電。

　　但是，當時龐畢杜的核能政策一出爐，立刻掀起全國各界的大規模示威抗議。更有400位科學家連署聲明，要求

政府在解決核電安全和核廢處理問題前,暫緩新建核電廠計畫。但這些疑慮與抗議,均在法國政府高層內的優質工程文化下獲得調解;國營法國電力公司的超級表現,更是這項核能政策可以持續發展至今的最重要因素。如今,法國核電裝置容量幾乎佔歐洲的一半,所產生的電力多到可以剩餘而輸送國外,讓法國成為全球最大的電力輸出國。

其他國家:各有算盤

福島核災對英國、法國影響較小,但兩國政府隨即宣布對所有核電廠做壓力測試,以確定在機組發生問題時,安全機制可正常有效運作。美國核能政策也並未因福島事故而改變,在事故後不久就批准一座核電廠延役和一座新電廠興建。德國對福島核災的反應則相當劇烈;災後三天,德國總理梅克爾就下令暫時關閉8個核電廠,同時不再支持核電廠延役計畫;並明訂2022年之前要關閉境內36座反應爐,所需電力將由再生能源取代,廢核決心相當堅定。

事實上,德國政府對核電的態度相當矛盾。當年三哩島和車諾比的兩次核災,也讓德國政府訂出逐步廢核的計畫;然而在2000年以後,德國經濟情況不佳,又碰到能源價格高漲和溫室氣體減量的壓力,這三重壓力讓梅克爾總理重新檢討核電政策以求降低電力成本,甚至在2010年立法將所有核

電廠使用期限平均延長12年。然而，現在福島核災又讓德國
政府（也是梅克爾總理）再次決議廢核。德國在核能政策的
變化，正是民主政府本質如風向雞隨民意之風轉向的特性，
現實的各種壓力讓執政者做決策時舉棋不定。但比起其他國
家，目前德國的廢核政策應是全球最具體且堅決者。

影響德國能源政策的三重壓力：能源價格高漲、溫室
氣體減量、經濟發展速度，對開發中國家，尤其如中國和印
度這兩個人口超過10億的大國，更是有立即且沉重的影響。
雖然沒有明訂的政策，但以核電作為電力供應的主要技術，
早已成為這兩國的能源政策主軸。從2000年起的10年間，全
球新建的39座反應爐中，印度佔8座、中國佔17座。目前正
在興建的60座反應爐中，大約80%在中國。中國的目標是在
2020年，核電產能是目前的五倍，裝置容量可達65GW；屆
時有可能會高居全球第二，僅次於美國。

其他比較小型的國家，如韓國、芬蘭、瑞典等，也都
極力發展核能，韓國甚至已經具備核電廠建造能力，除了在
國內大量興建核電廠外，最近更取得阿拉伯聯合大公國價值
200億美元的訂單，預計在2017年讓6GW的核能機組順利運
轉。瑞典認為溫室氣體導致氣候變遷的威脅比核輻射污染還
大，所以將核電廠除役的年限一直往後延長。芬蘭則繼續推
動新電廠的興建，但廠址則選在離岸的小島上。

整體而言，因前述三重壓力因素，近年來全球新建核

電廠的合約急速上升,尤其在經濟起飛的亞洲、東歐等開發中國家,對電力的高度需求讓核電變成熱門的能源選項。到2011年止,全球核電廠的總裝置容量已超過430GW,大約平均分配在北美、歐洲和亞洲,新建機組大都在開發中國家如印度、中國、東歐等國家。

然而,2011年的福島核災再次提醒核電的危險性,因此讓簽約速度急速降低,但正面的影響則是進一步改善核電廠的設計,加入更多的被動式安全功能,推動反應爐設計標準化,讓反應爐的運轉更安全,建置成本更低。標準化的結果是反應爐的規格縮小,設計更為簡單、選址更有彈性、成本進一步降低、工時大量縮短等。因此,整體建廠可以模組化,建廠規模更有彈性,建廠和營運的財務風險均可降低。這些努力在在指出,短期內核電在推動全球經濟發展的重要性不會馬上消失,許多困難也因此值得不斷改進而被解決。雖然如此,仍有兩項基本問題需要誠實面對:核廢料處理和核電廠安全。

無解的問題:核廢料處理

所謂核廢料乃泛指使用過的燃料棒,因其內仍含有高輻射計量的鈾235、鈽239、鈾238、鍶90、銫137、鈷60、鎝99m等放射性元素,是一種具有劇毒的輻射物質。這些元素

中，毒性最強的是鍶90和銫137，輻射計量是天然鈾礦的數百倍，然後是鈽239和鈾同位素。原則上，這些劇毒元素都需經過適當處理，完全消除其輻射的毒性後才能廢棄。目前英、日、法、蘇俄等四國有再處理燃料棒的技術和設備，可將鈾235和鈽239等元素分離用來提煉核彈所需的鈽235。另外，鈷60和銫137都可以做醫療用途，前者釋放β射線，後者釋放γ射線。鎝99m和碘131也可以做放射醫療。

　　無法處理燃料棒的國家，則將其暫存在廠內的水池中冷卻，並吸收仍在進行核分裂反應所釋放的中子。核廢料的輻射半衰期很長，一般而言，由壓水式反應爐產生的核廢料要經過1,000年的衰變後（鍶90和銫137的輻射衰變完成），輻射計量才會降到天然鈾礦的10倍，要經過百萬年（鈽239和鈾同位素衰變完成）才能回到天然鈾礦的輻射水平。若處理不當，輻射物質會隨地下水進入動植物生態範圍，產生輻射污染、危害生命安全。

　　核電從1950年代起經過數十年的發展，在2010年時的全球核廢料量已經累積將近300,000噸（見表3.1），預計在2050年時會再增加一倍。經過處理再利用的核廢料的比例很少，絕大部分都暫存在廠內水池中等待最終處置（圖3.7）。如何最終處理這數量龐大的核廢料，始終是核電工業的棘手問題。美國早在1987年就開始籌劃在內華達州尤卡山（Yucca Mountain）地底深處建立核廢儲存場，工程目標是要達到

美國原子能委員會所訂的深處地質儲存場標準：住在這儲存場附近的人在一萬年內所吸收的輻射量不會超過15毫侖目，約等於搭乘越洋飛機來回三趟所接受的輻射量。但在經過20年、花費幾十億美元的研究後，歐巴馬總統在2010年宣布終止該計畫的執行。這嚴格的標準，至今無人宣稱有能力達到。

圖3.7　英國Sellafield核燃料儲存水池
http://www.world-nuclear.org/info/Nuclear-Fuel-Cycle/Nuclear-Wastes/
Radioactive-Waste-Management/

　　目前這將近30萬噸的核廢料，大都是儲存在廠內水池等待冷卻和進一步處置，但水池的容量也很快就將達到飽和。最新的儲存法，也是成本較水池高出甚多的方法，是將核廢料裝在特殊水泥箱內，然後儲放在嚴格控制的特殊儲存場，

是一種採多層隔離、多重防護策略的設計，屬過渡期的儲存方法。儲存期限以100年為一期，等到百年後有可行的最終處置辦法出現後，再行設法處理。

高張力管理：核電廠安全

核電廠安全的問題，所引出的「多安全才算安全」或「有沒有絕對安全」的問題，大家已經持續爭論數十載。核電若出事，不像飛機失事或工業災害屬單一事件，其因輻射污染所造成的危害，可能會綿延數十年甚至數世紀之久，這類災害形式繁多，可參考坊間許多描述三次核災現場的書籍，或以小說形式貫穿核災對人類所可能造成的各類傷害的描述，令人怵目驚心。對核災所要付出的社會成本，絕對是每個負責任政府的一項沉重負擔。因此，因不安全所需付出的「錯誤成本」，可能會讓核電變成一項沒有競爭力的電力技術。這可能是大家都知道，但都不願意談的無奈。但要保證核電廠安全，所需付出的代價並不是每個國家所能承受的，尤其是經濟急速發展，蓋核電廠速度驚人的中國和印度。在急速發展的環境中，管理問題最容易出錯，而管理卻是確保核安的不二法門。

核電廠是一種設計非常複雜，絕大多數設備都是為了防範核分裂失控導致危險的設計，整體機械的運作是在一種

高張力的緊張狀態下進行，所以嚴謹且有效的營運管理是絕對必要的。因此美國核能管制委員會（Nuclear Regulatory Commission, 1975年成立，下稱核管會）所訂的安全管理規範內容相當全面，缺一不可。譬如，對運轉員之資格、訓誡、執照核發、控制室模擬器之功能等要求切實；又如改善工程之組織與管理、營運中稽查、運轉規範遵守；又如營運程序失常之分析與應變、程序修訂、運轉回饋制度檢討、控制室功能之加強；最後，對控制室之設計，如安全參數顯示系統、安全系統狀態偵測、事故後偵測系統、控制室儀控系統、線上反應爐監視等，都需隨時檢討，盡量簡化程序。同時也要有適當的運轉經驗分析與分享，包括運轉數據之分析與評估、呈報要求、人為作業疏失分析。另外，對品質保證工作之獨立運作、品保人員參與運轉程序書修訂中、改善工程與測試、加強品保在電廠設計與分析中之角色等，均有詳細規範。最後，也需強化低功率測試及運轉計畫之要求等。這麼緊張的工作環境，不是常存鬆散管理文化的國家所能承擔的。

以嚴謹管理提升核安的效果，可以從過去60年核災發生的次數與頻率看出。我們將這些等級不同的核災，隨發生年代不同彙整於圖3.8中。從此圖可知，大型核災發生的週期明顯變長，從早期的1960年代幾乎是每幾年就會發生一次，到最近發生的福島核災距前一次的車諾比核災已經是25年。

另外，影響範圍侷限在廠區內而被列為4級以下的事故，則因電廠數目增加、機組年齡增長之故，其發生次數在1980～2000年內的二十年間有逐年增加的趨勢，總共應有30件以上。最後，不列入事故等級、屬運轉問題的事故發生頻率則有降低趨勢，在1980年代，停機事件相當頻繁，機組可用率平均只有55%，但如今機組可用率已經提升到90%以上。這全歸功於核電業者在這些年內，針對營運效能改善、機組效率提升和管理制度嚴格等方面所做的努力。

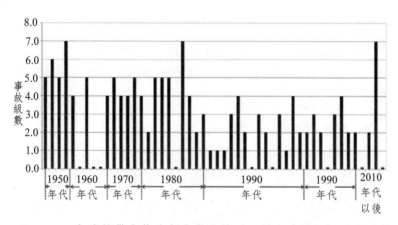

圖3.8　　全球核災事故隨年代變化情形。最小為零級，以小方塊表示；其他從1級到最高7級，都以縱軸的數字與方塊切齊表示。〔註：本圖並未全數收納所有案例，尤其許多級數小的核災事故因數目眾多而忽略。〕

資料來源：

IAEA, 2008, International Nuclear Event Scale, User's manual, 2008

行政院原子能委員會，國際重大核子事故，2013

核電成本：昂貴到無法計價

核電發展之初曾被形容成「電價將便宜到無法計費」，但發展至今事實並非如此，因為建廠成本基於許多環環相扣的因素而急速上升。這些因素可歸納成下列幾項：

- 廠房和機組的設計不夠標準化，許多建置成本重複浪費；
- 負責營運的電力公司大都沒有能力管理這規模大、複雜性高、管理困難的核電機組，仍須依賴反應爐供應業者的技術支援，讓營運成本居高不下；
- 因對安全問題的疑慮，政府發出建築執照和營運許可的時間比預期長很多，讓投入資金的利息成本擴大；
- 日漸增強的環保意識，尤其是反核運動，經常造成營運單位在投資評估上的猶豫和政府單位在核發營運執照上的延遲，建廠成本因而倍數上升；
- 核電廠興建的時間一再延長，更改設計以增加安全保證，都導致成本一再上升，遠超過預算好幾倍。

以上因素引致的結果是，建廠成本在1980年就增加為10年前的5倍，現今的成本若以韓國以賠本價200億美元承包阿拉伯聯合大公國四座反應爐約6GW，亦即每1GW的建廠成本是34億美元計，也是1980年代的7倍左右。但真正的國際市場價格，應是這數目再增加10～20%才屬合理。

既然核電營運涉及到公共危險議題，且這危險可能會

延續多年。故在核電工業啓蒙之初，所有保險公司都不願意
爲這技術尚未成熟且帶有高風險的行業作保，讓政府想要核
給電廠使用執照變得不可行。所以，在1957年美國國會就通
過一項法案，規定投保金額上限爲5億美元（現今幣值約50
億美元），其中保險公司負責12%，其他由政府（也就是納
稅人）負擔。幾年後，因核電廠陸續加入營運，大小狀況
越來越多、營運成本也越加明顯，這投保金額上限又提升了
50%，成爲7.5億美元。至今，所有核電廠的投保金額相當
分散，這當然是保險公司檢視該電廠的營運與管理效能後，
與電力公司談妥的價格，所以保險金額會因個案而有很大不
同。但若以2011年日本福島核災爲例，日本政府現在要面對
超過3,000億美元的損失，這金額已經超過任何保險公司所能
承擔的範圍，最後自然是全數由納稅人支付，社會成本相當
昂貴。

　　核電的另一個問題是，鈾238會不會像化石燃料一樣發
生短缺？以目前輕水反應爐技術而言，每1GW的反應爐每
年所需的鈾238約180噸，以2010年全球反應爐總裝置容量是
433GW計，全球每年約需77,940噸。根據IAEA預測，以目
前的核電發展速度看，在2030年時，全球的鈾礦需求量約在
每年9.4～12.2萬噸之間。而地球的儲量能夠用幾年？根據
OECD（Organization for Economic Co-operation and Develop-
ment，經濟合作暨發展組織）所做的調查報告指出，全球鈾

238儲量在5,000至12,600萬噸之譜,相當充足。所以鈾礦的市場價格在未來20年應可維持在每噸180美元的水平,亦即每度電的燃料成本是0.3美分(約1毛錢台幣)。所以,鈾238在可預見的未來應不會短缺,價格也會維持在可控制範圍內。

然而,上述成本提升因素仍未考慮核廢料處理和電廠除役所產生的附加成本。這些所謂的後端處理成本,在目前處理技術仍在發展、實作案例不多的狀況下,真實數目還無法確實估算。但從IAEA所擬定的電廠除役細節之繁複和需時之冗長,可預期光是除役的成本就可能相當昂貴。

傷害規模:核彈不敵核電

前述幾件核電災害,除了當場造成的傷害外,因受輻射污染所遺留下來的長久問題最受關切。在核災所釋放的輻射污染物質中,以碘131和銫137的毒性最強。我們就以兩件七級核災事故,車諾比和福島,做比較。在碘131方面,車諾比事故所釋放的劑量約是福島的14倍;在銫137方面,車諾比則是福島的兩倍。至今,在27年前發生的車諾比核災讓附近的許多區域仍處封閉狀態;兩年前發生的福島核災讓方圓30公里半徑內的區域,至今仍無法允許原居民搬回。另外,在57年前發生的英國Windscale核災,該融毀的爐心被包裹在

混凝土圍體內超過半世紀，因裡面燃料棒的反應還在進行，反應減弱的程度直到最近才達到可以安全拆除的地步。

相對之下，在二戰期間被兩顆核彈攻擊的廣島和長崎，卻不像這些核災現場需長期封閉，道理何在？可能原因有以下幾項：

- 核彈所含的核燃料較少，廣島的小男孩核彈內含65kg的鈾235，長崎的胖子核彈內含10kg的鈽237，但一個反應爐內可含數十噸的鈾化合物。

- 核彈燃料只有少部份發生核分裂，譬如廣島小男孩核彈的鈾235雖具80%的濃度，且重達75公斤，但實際發生爆炸的鈾235只有1公斤，其他74公斤都未發生核分裂，只被炸成碎片散落地面。

- 廣島與長崎的核彈是在空中爆炸，大部分的放射性物質在爆炸時都可能已被高溫燃燒消滅殆盡。

- 約在核爆後一個月，剛好有個強烈颱風侵襲日本，大量的輻射塵被強風帶到海上。

反觀核電廠災害，因爐心內的核燃料皆以噸計，爐心融毀後的輻射計量往往相當驚人。又如車諾比的反應爐發生核災時，湧出許多放射性重金屬嚴重滲入地下；雖然有部分輻射被吹入大氣，但大都還是在地面上擴散，造成嚴重污染。根據事後調查顯示，車諾比所釋放的放射性物質是長崎與廣島兩件核爆總和的200倍。最後，核爆後炸彈中剩餘的放射

物質半衰期很短，約在幾週內就會衰變到只剩幾百萬分之一，但一個融毀反應爐所殘留的放射物質活性將會持續好幾個世紀。

輻射的毒性：切勿讓它進入體內

　　無論是核彈的核爆或核電的爐心融毀，對人體會造成傷害都是因輻射所致。而產生輻射的放射性物質會像灰塵或花粉一般，隨風飄散，非常危險。欲探討這傷害的原因，需先瞭解輻射的種類和性質。如第一章所述，拉塞福和貝克勒在探索原子模型時，發現核分裂反應會產生α射線、β射線、γ射線和中子流（圖3.9）。以物理性質看，α射線是帶正電荷

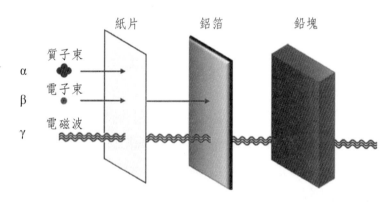

圖3.9　　三種輻射線α射線、β射線、γ射線等之穿透性比較圖
http://en.wikipedia.org/wiki/Radiation

的氦離子流，可經鈽239的分裂反應產生；這氦離子以5%光速的速度離開母核，所攜帶的動能是所有輻射線中能量最低、穿透性最差者，在空氣中只能前進約3.5公分，其動能就會因與空氣分子撞擊而全數消失，也無法穿過厚度只有0.1毫米的普通白紙，更不能穿透具高含水量的人體皮膚。

β射線則是一種速度快、穿透力強的電子流或正子流，當原子中存在過多的質子或中子時，就容易產生。在核能應用中，放射性水同位素氚就會釋放出負β射線（帶負電的β射線），並同時產生氦3原子。雖然這負β射線所攜帶的動能只有α射線千分之一，但進入人體後就很容易隨水分被帶到身體不同組織器官中，造成細胞的嚴重傷害。最容易因負β射線而產生病變的器官是甲狀腺，所以在核災地區，常發現受災人員患有甲狀腺癌病變。

γ射線是一種高強度電磁波，是原子核內發生能量變化時所釋放出來的一種高頻率、短波長的射線，由一群不具質量、但帶有能量的光子所組成。因具高能量，所以穿透力很強，很容易進入人體、快速穿透人體器官組織並迅速擴散，造成大量的人體組織傷害，最常見的如血癌病變或基因突變等。

最後就是中子流。自由中子的穿透性很強，若進入人體，所到之處常導致分子鍵結斷裂，對體內的大分子如DNA造成嚴重的傷害，故輻射防護的基本功能一定會包含對中子

流的有效屏蔽。一般富含氫原子的材料,如輕水,對中子的親和力很高,吸收中子的效果非常好。所以用過的核燃料棒都會存放在特別設計的水槽中,以吸收仍再進行核分裂反應的燃料棒所釋放的中子。

這四種輻射會對人體造成傷害的原因,乃因輻射或將原子離子化,或破壞細胞分子鍵結,或產生新的化學反應等等,在在都會讓細胞內的化學失去平衡而產生病變。核彈或核電所用的鈾235受中子撞擊發生核分裂時,除產生中子以加速分裂速度外,同時又產生鍶90、碘131或銫137,都是具高輻射毒性的放射性同位素。其中鍶90半衰期29年,會停留在骨骼內長期釋放β射線,非常危險;碘131半衰期8天,會停留在甲狀腺內釋放β射線,傷害甲狀腺並增加罹癌之風險。銫137半衰期30年,一旦進入體內就很難完全排除,會長期釋放β射線對人體各臟器造成永久傷害。

輻射若只對器官造成傷害,則只會傷害受災者;若傷害到DNA,就可能會遺傳到後代。若輻射源在人體外,只有穿透性強的γ射線和中子流會對人體造成傷害,這就是在核彈爆炸當下、核電廠爐心溶解時,直接暴露在輻射線下的人員會受到傷害的情況。但若輻射物質滲入地下,再隨地下水被飲用而進入人體時,則α和β射線的輻射就會在人體內產生大區域的組織細胞傷害。輻射對人體所造成的傷害程度受許多因素影響,首先是輻射計量多寡,其次是輻射型態(即前

述四種射線），最後是受傷的組織器官種類。處理輻射傷害的醫療程序，也會針對這三項因素的造成傷害程度的不同而改變，但多數診斷都需根據處理不同病例所累積的經驗來判斷。

車諾比核災後，瑞典隨即撲殺境內超過20萬頭薩米人所馴養的麋鹿，因麋鹿吃了受輻射汙染的鹿苔後，放射性物質累積在肌肉與骨骼內，肉品被瑞典政府認定具有毒性不宜食用而銷毀。據統計，車諾比核災發生後的兩年內，所宰殺的麋鹿只有20%的肉品符合食品安全規範；到發生核災10年後的1997年，所有的麋鹿肉品所含的輻射劑量才恢復到核災前的水平。

核電輓歌：不同的遭遇

根據世界核電組織（World Nuclear Association）的統計，自第一座商用核電廠完工以來，全球已經興建了576座機組，但並非每一座機組都能順利運轉至設計年限，有許多是中途關閉，甚至有少數是還沒運轉就停用者。據我們統計，目前全球已有116座機組中途停用，佔全球總機組數的20%。以核電工業的高工安設計標準的文化下，這停用佔比實屬驚人。

我們在此摘舉五個核電關廠案例，均乃因當地居民以

不同方式抗爭而導致關廠。這些案例所發生的政經背景、事件發展過程、影響最後決策的因素等，均有所不同，簡述如下：

1. 美國紐約長島Shoreham核電廠

1965年，美國紐約州長島電力公司宣佈，將在長島北邊濱海沙灘上興建一座820MW的核電廠，總工程經費為2.1億美元（圖3.10上）。建廠工程於1973年啟動，原本預定於1979年完工，不料完工前卻發生了三哩島核電廠爐心融毀事件，美國核管會因此大幅改革核電廠的安全規範、加強緊急避難計畫的擬定等，同時引發長島史上規模最大的1.5萬人反核示威遊行，有600人因闖入施工中電廠而遭逮捕。長島居民對核電廠的營運感到不安的原因很明顯：長島是美國人口最密集的地區（每平方公里2600人），島上工商金融業務繁榮，萬一發生核災導致輻射塵外洩，所可能導致的生命與財產損失，絕不是一項「保證安全撤離」的計畫可以安撫的。

雖然核管會在1981年認定Shoreham核電廠符合新訂的安全規範，但仍有43%的長島居民反對該電廠的營運。1983年，紐約州議會以15:1的票數通過決議，認定該地區無法有效實施安全撤離，紐約州長Mario Cuomo因此拒絕簽署廠方所提供的緊急疏離計畫。1984年核電廠完工，但民調結果有74%的居民反核；儘管1985年核電廠仍取得聯邦政府的同

意，可進行5%低電力的試營運，但始終拿不到正式商轉執
照。更不幸的是，1985年侵襲長島的颶風導致超過50萬居民
疏散到紐約州內陸，並歷經長達一週的停電，讓該地居民對
長島電力公司的信心掉落谷底。

　風災後沒多久，紐約州政府就以象徵性的1美元，向長
島電力公司買下Shoreham核電廠，並決定於1989年2月28
日除役。但是，州政府同意調漲未來30年的長島居民電費
3%，來支付逐年飆升至60億美元的建廠費用，做爲關廠的
妥協條件。Shoreham核電廠成爲美國第一座被拆除的商用
核電廠，也是第一座尚未完全運轉即遭關閉的電廠（圖3.10
下）。2002年，州政府利用仍然可用的設備，將電廠改裝成
天然氣發電廠，但裝置容量只有100MW。

2. 德國Kalkar核電廠

　位於德國西北部萊茵河畔Kalkar鎭的Kalkar核電廠，從
1972年開始籌建，1985年完工，總工程費用爲40億美金。但
在即將運轉之際，礙於當地居民的強大反對聲浪，德國政
府決定廢棄不用。1991年，荷蘭投資者買下了這片土地，
將Kalkar核電廠的建築物轉型爲充滿笑聲的仙境遊樂場，於
2005年開放。在遊樂場中，十幾層樓高的冷卻塔被改建成爐
心奇幻世界（圖3.11），放置反應爐的空間也改建爲核電教
育展示館，擺放著各類核電的故事。現在，每年約有60萬名
遊客，歡笑聲取代了示威的怒吼，共同見證這段歷史。

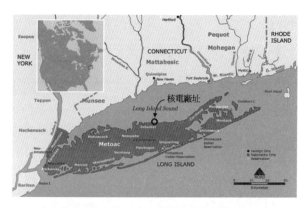

圖3.10　　（上）電廠的位置（如點所示）在長島北邊中間靠右的海邊。（下）以60億美元興建的Shoreham 核電廠座落於紐約長島海邊一景。

http://en.wikipedia.org/wiki/Shoreham_Nuclear_Power_Plant

　　同時期，德國政府也放棄在瓦克斯多夫興建核廢料處理廠計畫。德國BMW公司接手這片土地，重建成生產汽車的廠房，其中有兩棟建築物蓋得相當堅固，就被保留當作汽車

材料和零件的儲存廠房。

圖3.11　Kalkar核電廠的爐心奇幻世界
http://www.amusingplanet.com/2011/06/wunderland-kalkar-nuclear-pow-
er-plant.html

3. 奧地利Zwentendorf核電廠

　　1972年，奧地利政府在距首都維也納60公里的小鎮川騰多夫（Zwentendorf）興建該國第一座核電廠，採用沸水式反應爐，裝置容量爲692MW，可供應全國用電量的10%。所幸還是不幸，開始施工後不久，在廠區卻發生一次強烈地震，將已完工的地基結構全數破壞，導致施工中斷長達四年。

　　1975年，有50萬成員的「奧地利反核倡議聯盟」成立，陸續在全國各大城舉行大規模示威遊行。其中有一次示威，是由九位母親在奧地利總理住宅前面絕食抗議，引起了大眾

高度關注。

當時，執政的社民黨在受到全國工會及工商產業界的支持下，與第二大的人民黨都支持核電的運作，唯有最小的自由黨反對。自恃有大多數奧地利人民的支持，克萊斯基總理決議對核電的合法性展開全民公投。公投在1978年11月5日舉行，有接近三分之二的公民參與投票，投票結果出乎執政黨預期，有50.47%的民眾反對核電，49.53%贊成。依照公投的結果，奧地利政府立即停止電廠的所有施工，已經投入的10億美元則列為損失。另外，該國之國民議會於同年12月通過一項法令，規定在未經公投同意之前，不准新建核電廠。

在1978年的公投中，奧地利人民以不到1%的票數差距，否決了這一座燃料棒已完成填充的核電廠，讓Zwenten-dorf核電廠成為世界上第一座透過全民公投而廢止的核電廠。在27年後的2005年，EVN（奧地利的主要能源供應商之一）接管了這座休眠中的核電廠，並且將其轉變為一個核電培訓機構，用來訓練鄰國核子技術人員操作核反應爐（圖3.12）。2009年，第一個全球性的、頒發給專注於環境保護的個人與組織的獎項：拯救世界獎，在核電廠前舉行頒獎典禮。同年，一座在建物表面、屋頂及周圍區域總共架設1000個光電模組的太陽能電廠，在這具有歷史意義的核電廠旁開始營運。

雖然奧地利沒有核電廠，但週邊的德國、瑞士、匈牙

利、捷克等國都建有許多核電廠，所以奧地利仍然存在受核
災輻射侵襲的憂慮。因此，奧地利政府希望更多歐盟國家能
加入非核家園行列。如今，Zwentendorf核電廠已成為奧地利
反核的象徵。

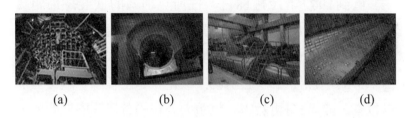

| (a) | (b) | (c) | (d) |

圖3.12　　已經改成核電培訓機構的Zwentendorf 核電廠內部設備。
(a)反應爐底部的控制機構、(b)反應爐內部、(c)低壓汽渦輪機外貌、
(d)控制室儀表。
http://en.wikipedia.org/wiki/Zwentendorf_Nuclear_Power_Plant

4. 西班牙Lemoniz 核電廠

　　Lemoniz核電廠座落於靠近西班牙與法國邊境，一個距
離巴斯克自治區最大城畢爾包（Bilbao）30公里處的海岸村
落，設有兩座900MW的壓水式反應爐，是當時獨裁者佛朗
哥（Francisco Franco, 1892-1975）的「國家電力計畫」的一
部份。1972年起，佛朗哥政府開始強制徵收鄰近土地作為廠
區，從此引發了一連串激烈的人民反抗政府活動。

　　當時的反抗勢力是由左派民族主義組織、左翼巴斯克

聯盟、團結人民黨等地方反對勢力組成，透過不斷持續的聯署、抗議、示威、遊行，1977年更在畢爾包發動超過20萬人的大規模示威活動，以反對核電廠的興建。但面對這一切，佛朗哥的獨裁政府和核電廠施工單位幾乎不為所動。

直到1977年12月18日，巴斯克地區的武裝恐怖組織ETA[2]宣布加入反核行列，並殺害一名電廠警衛；隔年3月又在核電廠的反應爐中引爆威力強大的炸彈，造成4名工人死傷。1981年1月29日，ETA綁架核電廠總工程師，隨後並加以殺害，隔年5月再殺害一位電力公司的董事。同期間內，其他如郵包炸彈、汽車炸彈等之攻擊事件高達近百次。ETA這一波的恐怖行動，果真直接擊中核電廠的要害，導致電力公司無力承擔相關風險，斷然宣佈該核電廠的啟用無限期擱置。

1984年，隨著政權的更替，執政的勞動人民黨終於正式宣告終止Lemoniz核電廠的營運及另外三個規畫中核電廠的興建計畫。目前仍然是廢棄狀況的Lemoniz核電廠，只剩下兩個從未安裝燃料棒的反應爐，電廠至今仍以鐵絲網圍繞，

2　ETA（Euskadi ta Askatasuna）是巴斯克地區武裝分離主義的地下反抗組織，在佛朗哥獨裁政權垮台後，逐漸發展為從事民族獨立活動的準軍事反政府組織。2011年年底，ETA承諾永久放棄武裝對抗。

日夜僱用安全人員看管（圖3.13）。西班牙政府投注於Lemoniz核電廠的總經費高達60億歐元，全數血本無歸。

圖3.13　　被鐵絲網圍繞的Lemoniz核電廠
http://commondatastorage.googleapis.com/static.panoramio.com/photos/
original/2872110.jpg

5. 美國Rancho Seco核電廠

美國加州首府沙加緬度市公用事業處（Sacramento Municipal Utility District, SMUD）僱請Babcock & Wilcox公司設計2.77GW壓水式反應爐，後委託Bechtel公司建造的Rancho Seco核電廠（下稱RC電廠），在1975年4月獲核管會核准開始商轉。運轉初期卻問題重重，在啟用後的18個月內，就有13個月故障而停擺；在往後營運的14年間，總計有100次以上的緊急關機事件，其中最嚴重的是發生在1985年底的爐心

過度冷卻事件。當時電廠的控制系統因斷電而改變反應爐給水閥門之啓動參數，冷卻水溫度瞬間降低100多度，遠大於每小時不得超過50度之變動限制，反應爐險些因溫度變動過大而爆裂。除安全事故不斷外，該電廠所用的反應爐與三哩島電廠同款、公司經營管理人力出現嚴重斷層、核廢料長期存放廠內、電價因核電安全規範更趨嚴格而不斷上升…等等因素，在在提升市民的反核意識。

基於上述多層原因，在1986年成立的沙加緬度能源安全團體（Sacramentans for Safe Energy, SAFE）開始積極鼓吹核電關廠。1987年，SAFE取得5萬公民連署達到成立公投的法定門檻，將之交給SMUD董事會，希望能將RC電廠存廢之議題與將在同年11月舉行的地方選舉一起投票，但被董事會以關廠與否乃屬公司自裁權限而拒絕。然而，基於加州案例法和基本公共政策法，SMUD理應在一定時間內將此議題訴諸公投。因此SAFE向州法院提出告訴，最後法院判決SAFE勝訴、SMUD應訂定公投日期，最終訂在1988年6月6日，公投簡稱爲「措施B」（Measure B）。

爲與此公投抗衡，SMUD也提出「措施C」的申請。措施B題目是「你希望關閉RC電廠，且除非經市民同意，永遠不得重啓嗎？」，同意票佔49.6%，未通過。措施C題目是「假設之後的運轉必須經過公民同意，你希望SMUD在目前18個月的燃料週期內繼續營運RC電廠嗎？」同意票佔

51.7%，通過。因此，SMUD得以繼續營運核電廠18個月。

　　但公投後沒多久，RC電廠開始追加維修費用，停機時間也變長。在環保團體的監督之下，該電廠的每件事故都被詳實的報導。故在18個月的法定營運期限過後的1989年6月6日，市民又舉行「措施K」的公投，題目是「你是否接受SMUD繼續營運RC電廠？」結果有53.4%的市民反對，讓RC電廠需面對永久關閉的命運。然而，SMUD認為公投結果只是「不同意SMUD繼續經營RC電廠」，並未禁止其他公司接手經營，故在9月召開董事會討論此事。但SMUD認為大勢已去，故決議不將RC電廠出售給過去毫無核電營運經驗的Quadrex公司（唯一買家）而關閉之，讓RC電廠成為全球第一座因城市公投而關閉者。

延役失敗：法律與民意的鬥爭

　　從1950年代至今，全球興建了將近600座核反應爐，其中有一半左右的反應爐已經達到或將達到除役年限，大多數電廠都已經申請延役，只有少數已經除役。其中，申請延役的案例絕大部分都發生在美國，且大都順利通過，因相關規定內容對電廠相當有利，但卻不一定會繼續營運（如本節所提案例）。本案例的發展過程錯綜複雜，夾雜著聯邦政府與州政府在法令內容與執法手段上的相互較勁，更有人民團體

和電力公司間的對抗，特別值得我們注意並加以研究，希望這些事實和其內涵可幫助我們更正確地評斷核電的未來。

美國Vermont Yankee（以下簡稱VY）核電廠位於佛蒙特州（Vermont，以下簡稱佛州）的Vermon鎮，在1960年代開始籌建，1972年開始運轉。籌建當年，美國的電力需求直線上升，又核能的發電成本低、供電量大且穩定，故佛州政府電力事業處（Vermont utilities，下稱佛州電力處）也決定加入核能發電的風潮。在州政府的政策鼓勵下，供給該州四分之三電力的兩家電力公司，Central Vermont Public Service與Green Mountain Power，隨即開始尋求建造核電廠的資金與地點。1972年，花費2.15億美元打造的VY核電廠開始商轉，州政府核准的電價為$0.20/kWh。

VY核電廠的反應爐採用奇異（GE）公司所設計的馬克一型圍阻體型式（Mark I Containment），裝置容量為620MW的沸水式反應爐，機組內只有一套熱交換系統，讓水直接進入爐心與燃料棒接觸，吸收熱量成為高溫壓蒸汽後，用以推動汽渦輪機和發電機，然後再冷凝成水，進入另一次循環，所需的冷卻水主要來自電廠旁的康乃狄克河。

1. 環保與經濟的對抗

在VY電廠開始興建後沒多久，環保團體察覺這冷卻水循環所造成的河水溫升，可能會對河裡的魚群有害，也會破

壞河中水生物的棲息地。這疑慮開始散播後，佛州人民與州政府，連鄰近的新罕布夏州及麻薩諸塞州的州政府，也都表示強烈反對將冷卻水直接排入河中。但是負責監督輻射安全的原子能委員會[3]，以河水溫升問題並非其管轄業務範圍而拒絕回應州政府與人民的訴求，並依規定於1967年核發執照給VY核電廠。然而，來自州政府與輿論的壓力持續增加，於是電力公司只好改變機組的冷卻水設計，增建一座60英呎高的冷卻水塔，將水蒸汽與剩水藉由風扇與散熱器系統進行冷卻，再排放到河裡。

因為這案件，原子能委員會後來重新立法，將限制排放水溫度的規定加入核發營業許可的審查程序中。也因此案件的發展，核發核能電廠營業許可的審查逐步越趨嚴格，核電廠對生態環境可能造成的破壞，也迅速變成公共議題。

1970年代初期，正是環境保護運動逐漸覺醒的時期，也是人民群起反抗核能發電的巔峰期，全國性的環保組織如綠色和平（Greenpeace）和自然資源保護委員會（Natural

---

3 美國原子能委員會（Atomic Energy Commission）是國會在二戰以後立法設立的政府機構，目的是提倡、管理原子能在科學及科技上的和平用途。1974年國會通過《能源重組法》（Energy Reorganization Act），裁撤原能會，並於1975年成立核能管制委員會（Nuclear Regulation Commission），負責民用核能安全管制事宜。

Resource Defense Council）隨之興起，負責策劃各類環保運動。但個別核電廠的抗爭活動，則一直侷限在電廠所在地的少數人民團體中。所以，在Vermon小鎮內，除了環保團體的反對聲音外，因當地居民從核電廠獲得許多經濟利益，如人民的就業機會增加、地方政府的稅收增加、電廠對地方的慈善捐獻等，對核電廠的營運並無給予任何壓力。因此，即便環保團體亟欲關閉VY核電廠，但二十多年來一直毫無所獲。

2. 經濟效益消失而轉手

隨著核電廠營運實務經驗的累積，1975年成立的核管會持續修正電廠安全規範，1979年的三哩島事件與1986年的車諾比事件，更引起各國政府與人民廣大的討論與反思；到2001年的911恐怖攻擊事件後，核管會更進一步要求所有核電廠大幅更新核安系統。這一系列的加強安全措施，對負責電廠營運的電力公司而言，卻是一筆龐大的額外費用。另一方面，1990年代中期生效的電業管制鬆綁（utility deregulation，或稱電業自由化），原本電力公司只能零售電力給消費者，改成電力公司可以批發販賣電力，電價也鬆綁交由市場決定。因此，越來越多的核電廠改由以營利為主的民營電力公司來經營。有鑑於以上種種因素，佛州電力處希望將VY核電廠轉手給大型民營電力公司經營。

洽談的Entergy公司位於路易斯州，但佛州的人民對於非本州企業卻懷有諸多疑慮。Entergy公司為了破除州民疑慮，同意簽署一項合約：在2012年3月21日VY核電廠的營運執照到期時，佛州的管制單位得依現行法律，決定授予或駁回電廠延長營運的申請。在這合約安撫下，Entergy公司於2002年成功取得這筆交易。VY核電廠自1972年開始運轉，原先核准營運40年的執照將再2012年3月到期，故依規定Entergy公司應在2006年1月向核管會提出延役20年的申請。

　　但這項延役的申請，卻演變成佛州政府與Entergy公司間的強烈爭議。這爭議與分別於2005年和2006年所通過的兩項州法案有密切關聯。第160號法案規定，除非獲得州議會通過並認定能提升大眾福祉，否則任何核電廠皆不得在營運執照到期後繼續營運。第74號法案則要求，電力公司在營運執照到期前，應提出核燃料棒的永久處置辦法，並需經州議會同意。原本反核民眾希望這兩項法案，尤其是160號法案，能成為關閉VY核電廠的有力根據。然而，一方面，當時聯邦政府的核管會對所有的核電廠延役申請幾乎全數核准通過；另一方面，若州議會要否決延役申請，則必需取得全州人民的同意。後面這項對電力公司特別有利，因除當地的居民外，州內多數人民並不那麼關心VY核電廠是否可以延役。因此，反對延役者的盼望看起來十分渺茫。然而，這一切到了2007年8月卻有所改變。

3. 意外的潰敗：冷卻塔崩塌

2007年8月21日的下午，VY核電廠的現場人員聽到冷卻塔的風扇傳來奇怪的摩擦聲響，隨即發現水管的支撐木樑掉落了4英吋，管線隨之爆裂，大量的水從冷卻塔的側邊沖出（圖3.14）。技術人員立即著手了解現況並且嘗試修復，同時也通知核管會的駐廠工程師。

圖3.14　Vermont Yankee核電廠冷卻水塔崩塌的情形
http://sfbayview.com/2010/leaking-vermont-yankee-nuclear-power-plant-shutdown-ordered-as-obama-pledges-50-billion-for-nuclear-power/

在事件發生的兩天後，Entergy公司才邀請新聞記者、州政府與當地政府官員到核電廠說明情況。由於該冷卻塔

對於核電廠爐心的運作沒有關鍵的影響，所以此一事件並未被歸類為「安全事故」。儘管公司代表極力聲稱公司上層對於此事件相當重視，但事實是，在危機發生時，所有相關的決策制定與資訊揭露，公司都不讓媒體、環保團體、或州政府官員有任何程度的參與。更弔詭的是，當時因核電產業圈內設有「經驗分享方案」，其他州的核電廠人員甚至比當地居民還更了解管線爆裂事件的內容。

公司資訊不透明的問題，加上令人怵目驚心的冷卻水爆流的照片，引發大眾廣泛的疑慮：是否VY核電廠的年壽已盡？本來只是當地核電廠一件非關安全的意外事件，卻演變成州政府內的一項政治議題，更成為全國媒體的頭條追逐焦點，隨後，更引起參眾議院之國會議員的注意。

4. 誤導大眾的審查報告

2007年的管線爆裂事件已讓Entergy公司及其VY核電廠的誠信與可靠度受到動搖。經過三年的發展，在2010年州參議院要進行投票表決VY核電廠是否准予延役之前夕，大眾對於Entergy的信任已瀕臨分崩瓦解，所有公民和環保團體，甚至許多州參議員，均聲明要求對VY核電廠進行全面性的檢查。然而，一般而言，安全性評估均是由核管會負責，而其他議題如可靠性、經濟衝擊、核電廠在州政府能源結構中所扮演的角色等議題，才由州政府來執行評估。但佛州人民

與團體均無法信任核管會的嚴謹性,而要求州政府執行獨立審查,若檢查出來發現VY核電廠不可靠,也表示它是不安全。

起初佛州州長Jim Douglas認為獨立審查是在浪費時間和公帑,但冷卻塔倒塌那怵目驚心的景象,卻讓他不得不重新思考獨立審查的必要性。於是,在2008年春天,州長利用與州參議院討論電廠除役費用時,審查通過189號法案,規定由州政府的公共服務部(Department of Public Service, DPS)對VY核電廠進行「全面垂直審查」。法案中特別規定須檢視「核電廠的地下管線系統是否有輻射源」,已經明顯跨入聯邦政府核管會的「監督輻射」的職權。這大膽跨越職權的舉動,乃因美國約有四分之一的核電廠有受到輻射汙染的問題,而當地居民也擔心VY核電廠也有同樣問題,進而污染了飲用水源和康乃狄克河水。佛州的189號法案也同時規定,需成立一個公開監督小組,讓審查過程的資訊透明化。

法案通過後不久,DPS隨即雇用核能安全公司(Nuclear Safety Associates, NSA)來執行全面垂直審查。2008年12月,NSA的415頁檢查報告出爐,認定VY核電廠與土壤直接接觸的埋藏管線並無受輻射汙染的情形,並建議VY核電廠可以再運轉20年。但這報告內容隨即被指出有嚴重瑕疵,因為在2008年的電廠年度汙水報告中明白指出,該廠的地下管線確曾發生過污水洩漏情形,但該報告卻隻字未提。

此一發現很快地成為當地的頭條新聞。對此，Entergy公司連忙解釋：管線雖曾發生洩漏，但所造成的輻射量對於民眾的健康並不會造成威脅。州政府的輻射衛生局局長Dr. William Irwin也出來說明，監測井中所發現的輻射量確實低於美國環境保護署飲用水的標準規定（每升20,000 picocuries, pc）。但人民卻無法接受這解釋，認為這洩漏和不實的報告內容，一定夾雜著許多不可告人的秘密。

　　為安撫民眾，Enetergy公司對地下水輻射污染的監測持續進行。終於在2010年1月7日，公司主管告知核管會，他們在另一個監測井發現氚，且含量高達70,500 pc之多，是聯邦安全標準的三倍以上！但是核管會與佛州政府的健康與能源部門仍然宣稱，這汙染濃度不會對人體健康構成威脅，而且目前仍沒有證據顯示，含氚的汙染水曾輸往家庭或流入康乃狄克河。雖然含氚的水源確實沒有滲透到飲用水當中，但是Entergy公司卻一直無法找出汙染源以及解決輻射外漏的問題，使得事情變得越來越嚴重。後來，Entergy公司終於承認，地下管線有可能是汙染的來源。最後，核電廠副執行長Jay Thayer出面道歉：「公司對於VY核電廠地下管線之存在無法提供完整且詳盡的資訊。」

5. 惡法亦法

　　冷卻塔崩塌事件與全面審查報告使Entergy公司的誠信蕩

然無存，民眾對於自身居住及飲水安全產生巨大疑慮。反核派強烈呼籲依原定時程將VY核電廠關閉，方可保障人民生命安全。他們明確指出，VY核電廠的設備已經過於老舊而不安全，且Entergy是不可信賴的外來公司，延長執照是在照顧企業的龐大利益，但所有何在潛在損失與生命安全，卻都是由佛州民承擔。

然而，Entergy公司也不輕言放棄。在投票前一天，該公司召開記者會，說明公司過去曾經犯下的錯誤，並負責的提出未來電廠營運的展望。在報告中，公司表明願意提供一個折扣電價方案，以$0.4/kWh的優惠價格販賣25MW的電力給佛州電力處，並且保證公司的資訊公開性。但是反核的聲浪並未因此減弱，甚至在參議院投票當天，人數眾多的民眾走上街頭，要求關閉VY核電廠。

2010年2月24日的投票結果，佛州參議院以4票同意、26票反對的比數，否決VY核電廠電廠延役申請，反對的理由是輻射對人民生命安全的威脅。但是州參議院的否決並非最終的決定，州眾議院可以在2011年11月大選之後，再表決一次以改變這項決定。Entergy對此結果表示，申請VY核電廠延役的努力並未停止，仍會繼續努力與州議會、政府官員與民眾協調溝通。

在參議院否決的一個月後，Entergy完成相關調查工程，發現汙染水質的確進入地下管線及其通路，但目前已經全數

排除汙染源。隔月，公司也開始建立新的公關行銷，但這一切似乎沒有發生太大作用。佛州議會、州長及代表佛州的聯邦議員等，仍強烈反對VY核電廠延役20年，並一再公開抨擊該廠輻射外洩、評估報告不實等不良紀錄。Entergy在2011年4月向法院提起訴訟，主張佛州政府侵犯聯邦政府對核能安全管理之權限，並妨礙州際貿易。經過7個月的審理，佛州地方法院於2012年1月判決Entergy勝訴，認為佛州的第160號及第74號法案皆受制於聯邦的原子能法所具有的優先管轄權，因而無從適用。2012年8月二審結果出爐，佛州政府再度敗訴，Entergy順利取得核管會核發的運轉執照。

6. 形勢比法強

雖然聯邦法律保障VY電廠的經營權，但當地政府與居民對Entergy公司的對抗態勢全不受影響。在形勢所逼之下，該公司在2013年8月27日斷然宣布，VY核電廠將提早於2014年底除役。公司方面宣稱，關廠的主因是經濟效益問題；自從2002年公司從佛州電力處以4億美元購入VY核電廠之後，營運期間也曾投入高額的管理成本；目前因低廉的頁岩天然氣大量投入能源市場，電力成本大量降低，已嚴重衝擊到核電廠的獲利能力，因此公司在成本考量下決定關廠。

7. 案例特性

VY核電廠除役事件有幾點值得注意：(1)核電所可能造

成的輻射汙染對民眾造成的恐慌，不是用一些數據就可以消除或安撫的。(2)雖然目前的法律與規定對營運者相對有利，但在處理各類核電意外所產生的各種管制法令，已經讓核電的建廠與營運成本大幅提升。(3)在一個民主法治社會如美國者，民眾的聲音終歸會凌駕惡質的法律之上，雖然民眾的路線往往曲折難行。(4)主政者雖號稱一切依法、依規定辦理，但民眾的想法與看法，甚至最後的作法，還是會決定國家、社會、甚至人類文明等發展的走向。

全球營運現況：勇往直前

全球核電機組的命運隨各國人民的支持度降低、政府能源政策更替、現場營運條件的變化等，致其使用年限與壽命均有所不同。本節將分別以：(1)總裝置容量與發電量、(2)中途停役機組、(3)正常除役機組等三部份，來說明目前全球核電廠機組的營運現況。

1. 總裝置容量與發電量

表3.1列出各國核電廠總裝置容量與總發電量。其計算方法是將各國所有核電機組的裝置容量與使用年限調查清楚，然後假設1980年以前，發電機組的可用率（或capacity factor，亦即每年扣除維修、故障等因素而停機的時間

後，真正運轉的時間百分比%）為70%，1981～1990年間為80%，1991年以後為90%，最後算出該國所有機組至2013年底止之總發電量，其結果如表3.1最右邊一行所示。請注意，有些機組因中途關廠而停機或除役，均已考慮進去。其他兩表數據均由相關資料直接彙整而得。

核電機組的設計使用年限，從早期的25～30年，演變到目前的40年，也有很多機組已經申請延役20年並經核准的案例。然而，大致而言，各國的總發電量均與使用核電的總年限、機組的裝置容量成正比。至2013年底止，全球共有34個國家設有核電廠[4]，共有256座電廠，其中有576座機組，總裝置容量高達433.7GW，總發電量高達87.3兆度電。在這期間，有145座機組已經停止營運，原因很多，有的是中途關廠（如表3.2所列），有的是正常除役（如表3.3所列）。現今，仍有431座機組仍在運轉營運中。

表3.1中的數據顯示，美國的總發電量已經衝破26.6兆度電，其次是法國的13.9兆度電，約只有美國的一半；然後是日本的9.8兆度電、德國和俄羅斯的5兆多度電、加拿大和烏克蘭的3兆多度電、南韓和英國都有2.9兆度電、瑞典有2.6兆

---

4 在這34個國家中，有立陶宛、哈薩克、義大利已先後宣佈廢核，故目前只有31個國家利用核能發電。但另有阿拉伯聯合大公國和白俄羅斯兩國正興建新核電廠。

度電。

值得注意的是韓國,雖然只有6座核電廠,卻擠入23座機組;雖使用年限不長,但總發電量已經將近2.9兆度電。另外中國大陸雖起步晚,但至今已有6座核電廠共17座機組,總裝置容量達13.9GW,總發電量也達0.955兆度電。印度近年來也大規模發展核電,目前已有7座核電廠共21座機組,因都是小型機組,故總裝置容量只有5.3GW,總發電量也有0.582兆度電。

台灣在核能發電上也不遑多讓,雖只有3座核電廠共6座機組,總裝置容量是5.14GW,但因使用年限均已超過30年,故總發電量至今已高達1.224兆度電[5]。若以平均每度電2元台幣的售價計,這三座核電廠已經為台電創造2.448兆台幣的收入,遠遠超過當年所投入建廠的金額和平日營運費用等項目之總支出。

---

5 本書所估算的電量,與台電所公布的數字1.388兆度電之間,有約12%左右的差值。可見本書所採用三階段可用率的算法乃過於保守。因此,我們相信表3.1所列之總發電量應比實際發生值小,二者的差值與各國實際操作核電廠的條件相關,合理估計之平均差值應是10%左右。核廢料總量也有相同比例的誤差,根據原能會2014年5月的報告,核一~核三的六部機組總共產生5,048噸的核廢料,比表3.1所算的4,192噸多出17%。這差值比發電量高的原因,可能是台灣所用燃料棒所含的鈾235濃度較低,或電廠發電效率較低之故。

2. 中途停役機組

如前所述，表3.1所示之全球576座機組，但並非每一座機組都能壽終正寢地順利運轉至設計年限；有許多在營運中途關閉，甚至有少數在還沒運轉前就停用者。我們將這些中途關閉的機組整理於表3.2。關閉或停用的原因眾多，我們將在公領域所找到的資訊加註在表3.2中。其中，美國有27座機組中途關閉，其中有8座機組在10年內就關閉，也有許多在將近或超過30年才關閉。著名的三哩島核電廠的一座機組只運轉2年就關閉。

德國的關閉機組數目和美國差不多，也高達26座，其中有5座機組在2年內就關閉，另也有5座在10年左右關閉，但許多是小型的實驗性機組，所以原因較為單純；當然也有實驗機組使用年限超過20年者。值得注意的是，有8座機組是因福島核災，配合政府政策而關閉；也有6座是原東德電廠，因東西德統一而關閉。其他大都在使用超過15年後才關閉。

關閉機組次多的是法國，共有12座機組中途停用，然而，除了兩座機組外，使用年限大都超過20年。英國有7座、加拿大有6座機組中途關閉，使用年限大都超過20年。日本也有11座，其中含福島核災的6座機組。另外，烏克蘭4座，均屬於車諾比核災電廠。另外，義大利和保加利亞各有

4座,瑞典、西班牙和斯洛伐克各有3座,俄羅斯和立陶宛各有2座,亞美尼亞和荷蘭各有1座。

總體而言,全球共有116座機組中途停用,扣除實驗性機組17座屬正常提前除役外,仍有99座機組提前關閉,佔全球總機組數576的17%左右,以核電工業的高工安標準設計的文化衡量,這中途停用的佔比實屬相當驚人。其中使用年限在5年之內的有11座,6～10年之間的有5座,佔總停用機組數的16%。這些短命機組的停用原因很多,其中因公投關閉者有3座,因電廠發生事故而關閉者有15座,因設備發生問題或發電效率不彰而遭淘汰者有16座,因公司決策改變而關閉者有17座,因政府政策改變而關閉者有23座(以德國的佔比最高),因營運不彰、維修費用過高、不符經濟效益而關閉者有25座。

3. 正常除役機組

從1990年開始,使用核電機組最久的美國,馬上就有幾十座在60年代建好的反應爐要面臨限齡除役的問題。故在1995年訂出延役基本原則,基本上就是需以新工具和新技術來更新核電廠的安全系統。根據這原則,到2010年止,美國的104座反應爐中,已經有一半獲得核准延役20年;只有兩座早期興建之機組已經除役。

同一時期,其他各國也參考美國的延役辦法,紛紛自訂

申請程序與審查標準。表3.3則列出全球各國已經正常除役的機組，總數為27座機組；其中除役機組最多的國家是英國，共有20座，佔全球除役機組的66%。另外，德國、比利時、日本、哈薩克等都有1座。雖正常除役機組數目比中途除役者少很多，但兩者並無明顯的關係，應是相互獨立發展事件。

核電功與過：早產兒的貢獻

核分裂技術是目前人類唯一可以用來將能量從原子中釋放出來的技術，當應用於毀滅敵人的核彈時相當成功，因核分裂的連鎖反應正好合乎炸彈所需「可以瞬間釋放龐大能量」的性能。然而，當應用於號稱和平用途的核電時，用來產生核分裂的核燃料中，只用了5%就必須丟棄，所剩的95%燃料是含有劇毒的輻射物質，至今仍無有效辦法可以安全處置。這種高危險、高污染的能源技術，是二戰後倉促誕生的早產兒，絕對不應、也不會是支撐人類文明發展所需能源的主要供應者。

雖然如此，人類對能源的需求，好像對軍火的渴望，未曾稍見減緩。所以，雖然仍存有這麼多問題，各國仍爭相擁建核電。自1954年第一座商用核電廠在俄羅斯的Obninsk開始運轉至今，目前全球共576座機組，總發電量已超過87兆

度電。若以平均每度電3元台幣計,光是這些電力已經創造出260兆台幣的財富,若再加上因電力所產生的各類經濟活動與貨品之價值,則應另有超過1000兆台幣的經濟產值。

若不用核電,而是由燃煤電力所取代,因二者的電力成本相差不多,又因燃煤對空氣汙染如NOx、SOx或煤灰目前都已經可以有效控制,所以核電與煤電之差別,可能就只有在前者的溫室氣體排放量比後者小很多。這溫室氣體對全球大氣溫升的影響有多大?我們以大原則方式分析如下:

當這超過89兆度的核電電力改由燃煤電廠供應時,則CO_2的排放量將多出714億噸,其中384億噸會留在大氣中,剩下的330億噸則會被海洋和森林所吸收。因CO_2會停留在大氣中40年以上,所以這384億噸的CO_2至今大都仍存留在大氣中。依氣候學家計算,大氣中的每10億噸CO_2,乃等值於1.43ppm的CO_2濃度;故這384億噸CO_2累積在大氣中,讓大氣的CO_2濃度增加約55ppm之譜。換句話說,若沒有核電,而是使用燃煤發電,則今天全球大氣的CO_2濃度應是455ppm,而非目前的400ppm。這CO_2濃度的減少,對減緩全球溫升的貢獻約是0.2℃,約佔目前全球溫升量(以工業革命1850年以前的氣溫為標準)1.1℃的18%,的確有明顯的貢獻。

全球溫升引發氣候變遷,勢將全面改變地球目前的生態,甚至對人類文明產生長遠的影響。至於這影響是正面還

是負面？我們認為應屬後者居多，因一切劇烈的改變都會讓佔人口絕大多數的弱勢族群遭受長遠的損失。然而，氣候變遷的災害會到何種程度，可能需再等幾十年才能揭曉。但核電對環境所可能造成的衝擊，如車諾比和福島核災的傷害，已經先一步確認核災的可怕。難怪有許多人民團體對核電進行全力抗爭，其原動力之強烈確屬其來有自。

另外，核廢料的累積也即將成為破壞地球環境的龐大力量。如前所述，核電從1950年代起經過數十年的發展，在2010年時的全球核廢料量已經累積到300,000噸，預計在2050年時會再增加一倍。這些數量龐大且迅速增加的高毒性的輻射物質，至今沒有一項可行的技術可以將之安全處置，大都暫存於廠區內水池或人工建築的地下空間，等待下世代子孫有核工科技天才出現，可以發展出大量處理核廢料的可行技術時，再加以妥善處理。這種鴕鳥心態，應是目前極力推動核電者內心的寫照。

尤有甚者，如表3.2所示，核電廠提前停用的機組有116座，扣除實驗性機組17座後還有99座，佔全球576座的17%。停用的原因以經濟（或稱財務）因素最多有36座，其次是政策因素20座、設備老舊因素16座、故障發生災害因素12座等，因公投而關閉者也有3座。雖然這些導致提前停用的因素有所不同，但根本問題大都與機組故障率有關係，因機組出問題導致成本提升、管理困難、現有技術也不一定可

以修復，所以財務、管理、政策等都會傾向關閉機組；因此有12座機組（列屬其他因素）就是在考量各類因素後，由經營者斷然決定關閉者。我們將這些機組的相關資訊詳列於附錄之附表1，供讀者參考。

前述高佔比提前關廠已形成核電產業的特色，同時也反映出核電安全的高度不確定性。可見核電廠的設計的高規格、管理的高張力，都是這項能源產業的特性，稍有差錯，動輒損失不貲、甚至關廠。然而，在這99座提前關閉機組中，有許多停用機組已經運轉20多年，其停用原因多屬財務或管理問題，多數情況是電廠的獲利已經達標，而後續獲利能力不足承擔可能風險，已經沒有營運的必要，董事會因而決定提早關廠。

另一方面，在進入21世紀後，全球面臨除役而申請延役的機組也陸續出現，其中以美國的案例最多，通過延役的案例也最多。但沒通過延役而正常除役者也不少，我們將這些在使用年限到期而除役的機組列於附錄之附表2。由此表可知，英國的正常除役機組最多，達20機組，幾乎都是採用氣冷式反應爐，可見英國對早期這類設計的安全性存有很大疑慮。其他如美國、俄羅斯、德國、比利時、哈薩克等國，均有1～3機組在年限屆滿時除役。

表3.1　各國核電廠總裝置容量、總發電量與核廢料總量

國家	電廠數（個）	機組數（座）	總裝置容量（MWe）	總發電量（KWh）	高階核廢料量（噸）
美國	81	128	114,806	26,581,894,128,000	91,033.88
法國	23	70	66,919	13,909,707,036,000	47,635.98
日本	19	59	48,552	9,790,257,468,000	33,528.28
德國	26	36	26,369	5,290,132,464,000	18,116.89
俄羅斯	11	38	24,429	5,054,449,044,000	17,309.76
加拿大	6	25	19,639	3,168,255,480,000	10,850.19
英國	17	45	13,456	3,034,452,612,000	10,391.96
南韓	6	23	20,721	2,880,301,140,000	9,864.05
烏克蘭	5	19	16,622	2,793,411,576,000	9,566.48
瑞典	5	13	10,684	2,643,973,860,000	9,054.71
西班牙	7	10	8,188	1,806,488,076,000	6,186.60
比利時	3	8	5,937	1,479,405,444,000	5,066.46
台灣	3	6	5,140	1,224,336,144,000	4,192.93
中國	6	17	13,862	955,233,324,000	3,271.35
瑞士	4	5	3,308	887,926,740,000	3,040.85
芬蘭	2	4	2,752	708,676,992,000	2,426.98
保加利亞	1	6	3,538	674,796,816,000	2,310.95
捷克	2	6	3,884	588,201,588,000	2,014.39
印度	7	21	5,308	582,032,796,000	1,993.26
斯洛伐克	2	7	2,724	486,245,700,000	1,665.23
南非	1	2	1,860	422,004,240,000	1,445.22
匈牙利	1	4	1,889	421,922,772,000	1,444.94

國家	電廠數（個）	機組數（座）	總裝置容量（MWe）	總發電量（KWh）	高階核廢料量（噸）
立陶宛	1	2	2,370	407,957,580,000	1,397.12
巴西	1	2	1,884	266,715,720,000	913.41
阿根廷	2	2	935	236,835,360,000	811.08
墨西哥	1	2	1,330	224,860,440,000	770.07
斯洛維尼亞	1	1	688	163,328,448,000	559.34
荷蘭	2	2	537	155,762,436,000	533.43
義大利	4	4	1,423	145,192,620,000	497.24
羅馬尼亞	1	2	1,300	128,115,000,000	438.75
亞美尼亞	1	2	1,128	115,281,600,000	394.80
巴基斯坦	2	3	690	67,802,400,000	232.20
哈薩克	1	1	52	9,884,784,000	33.85
伊朗	1	1	915	7,213,860,000	24.71
總計	256	576	433,731	87,313,055,688,000	299,017

資料來源：整理自IAEA Power Reactor Information System
http://www.iaea.org/PRIS/CountryStatistics/CountryStatistics-
LandingPage.aspx

註：總發電量與核廢料量均以實際運轉年限計算；假設1GW機組每
年產生30噸核廢料。

福爾摩沙的悸慟：
三十年的僵局

後記

過去30年來，在古稱福爾摩沙美麗島的台灣，島上居民與長期執政的國民黨政府，也針對島上三座核電廠的存廢和正在興建的第四座核電廠的運轉與否進行持續的抗爭，至今仍未落幕。我們將這整體事件的發展簡述於後，並以本書所載案例為鑑，對整體事件的未來發展提出評論。

發展核電之政經背景：從極權到民主

　　自1970年起，國民黨政府鑑於島上自有能源稀少，又見國內經濟快速發展、電力需求有急遽擴大之趨勢，因此開始核電廠的籌建。1979年夏，第一座核電廠（下簡稱核一）完工，設有兩套奇異公司的沸水式反應爐，總裝置容量為1.27GW。1981年冬，第二座核電廠（下簡稱核二）、總裝置容量達1.97GW的兩套沸水式反應爐也相繼完工。這兩座核電廠均座落於北台灣海岸，與擁有600萬居民的大臺北都會區之間，只有約30公里之隔（圖4.1）。

　　為抒解這過於擁擠的核電廠建置密度，第三座核電廠（下簡稱核三）則建於南台灣海岸，兩套西屋公司的壓水式反應爐先後於1984和1985年完工，總裝置容量為1.9GW。值得注意者，核三的反應爐雖改用西屋公司的壓水式機組，但渦輪機仍採用奇異公司與瑞士ABB公司的產品，可見當時台灣政府受制於國際政治壓力與商業利益的程度，應相當嚴

重。難怪核三廠一號機在完工隔年，就發生渦輪機葉片斷裂
而引發氫爆並機房大火，後經1年多的時間才完成修復。

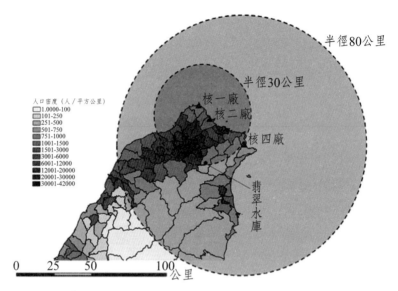

圖4.1　台灣北部行政區之人口密度分佈，與三座核電廠和翡翠水
庫之位置。半徑30公里是日本政府強制疏散福島災區居民的範圍、半
徑80公里是美國政府撤離福島災區僑民的範圍。

　　這三座核電廠的施工期間，正是國民黨政府實施戒嚴
的時期，與集會遊行相關的活動都被明令禁止。所以島上居
民對核電廠的施工和核廢料的處理，都無法提出任何反對意
見。零星的反核意見，在1979年美國三哩島核災和1986年蘇
聯車諾比核災後，曾在官方控制下的媒體低調刊登，但戒嚴

下的寒蟬效應讓社會大眾的反應顯得相當冷漠。然而，這一切都在1987年7月14日，當時的總統蔣經國宣佈解除實施近40年的戒嚴後，全部改觀。同年11月，台灣環保聯盟正式成立，將反核列為首要工作，其主導的反對興建第四座核電廠[1]（下簡稱核四）之抗爭活動，至今已經持續將近30年。

興建核四的計畫早在1980年提出。但在1985年台美關係緊張時，立法院為配合政府對美國施壓，以環保、安全為由凍結核四工程預算，直到1992年才予以解凍。同年，台灣舉行解嚴後第一次立法委員全面改選，在野的民進黨獲1/3以上席位，反核運動正式進入國會。1994年，在國會仍佔過半席位的國民黨，強行通過核四連續8年的預算，引發10萬人連署、3萬人走上街頭的反核運動。2000年民進黨贏得總統選舉取得政權，立即由行政院宣佈停建核四。但國民黨以行政院無權取消立法院通過的國家建設預算為由，聲請大法官會議解釋，並獲大法官會議確認核四停建令乃屬違憲，致使這反核歷史上唯一的勝戰，在不到4個月後就宣告失敗，政府因此宣佈核四復工。

這停工又復工的過程，讓核四工程全然走樣，許多原廠

---

1 核四廠座落在台灣東北角海岸，距第一、第二核電廠約20公里，和台北都會區距離約40公里。兩座反應爐乃採用奇異和日立合作設計的第三代沸水式設計，總裝置容量為2.7GW。

設計經過修改、承建廠商結構越趨複雜，以致於在過去20年施工期間，屢有工程糾紛與工安事件相關報導。但至2014年1月28日止，電廠工程已近乎完工，並已經完成100個系統檢測，另有21個系統待測。預計在所有系統檢測完畢後，9月就可將相關文件送主管機關原子能委員會審查，年底前取得裝填燃料棒許可，2016年初即可商轉。

然而，執政的國民黨政府有鑑於當前民意支持度低迷，若冒然讓核四進入商轉，恐會引爆反核民眾激烈抗爭，甚至可能在今年底和後年初所要舉行的全國大選中失利。所以，在2013年3月1日，行政院宣佈核四是否商轉，將交由全民公投決定。然而，至今已超過一年，核四安檢尚未通過，公投仍未舉行，執政與在野兩黨已經為公投議題如何訂定？公投門檻是否定為「雙過半制」？（亦即：超過半數公民投票才成案、超過投票者半數贊成才通過）等等議題而爭論不休。

核四議題會引起爭論是必然的，因為若核四通過公投而商轉，政府規劃的整體電力進程就可如期推動，但台灣人民就需長期祈求核電運轉平安，以免遭受損失財產、喪失家園之慟。若核四因公投沒過而需關廠，則所留下的電力缺口應如何補足、對整體經濟的影響有多深遠？均需有謹慎評估與規劃。

以前車為鑒，乃是借取歷史教訓為未來事件下判語的法則。因此我們在公領域廣搜全球公投案例，彙整曾舉辦過核

電議題公投國家的經驗與結果，作為此次核四公投之借鏡。
這次調查的結果整理如下。

核電公投大趨勢：全球公投結果

　　全球以核能議題進行公投之案例共有八例，除在第三章
已載的奧地利Zwentendorf電廠和美國加州Rancho Seco電廠
之兩例外，其他還有義大利、瑞典、瑞士、立陶宛、保加利
亞、美國奧瑞岡州Trojan電廠等六例。我們將這六例的公投
背景、議題、結果等內容分述於後。

義大利

　　1987年11月，義大利針對核電三項議題舉行全民公投：
• 國家權力可否強制在地方政府管轄土地上興建新的核電
　廠：同意19.4%、反對80.6%。
• 地方政府是否對於核電廠或燃煤電廠的建造給予補助：同
　意20.3%、反對79.7%。
• 義大利電力公司能否在國外建造或經營核電廠：同意
　28.1%、反對71.9%。
　　根據此公投的結果，政府陸續關閉國內核能電廠，讓義
大利成為八大工業國中，唯一無核電廠之國家。
　　在公投之前，義大利人民普遍偏向擁核，但1986年的車

諾比核災大幅改變民眾的想法。由於義大利公投也是採「雙過半制」，因此擁核者奔相走告不要出門投票。然而，公投當天的投票率達到65%，反對三大議題的比例均超過70%。

2011年6月，義大利再次舉行與核能相關的公投，這次議題定為：是否要建造新的核電廠。結果投票率為54.79%，其中高達94.1%反對，5.9%支持，再次拒絕政府的重啟核電計畫。

瑞典

有鑑於1979年3月美國發生三哩島核災，瑞典隨即在隔年同月針對核電議題，進行了一次全國性公民投票，但公投結果不具任何形式的約束力。這次公投議題有三：

- 在不影響就業與社會福祉的情況之下，逐漸淘汰核電，而且不可擴張核電；若成功發展替代能源，現有的或建造中的12座核電廠站可廢止。
- 與第一項相同，附加上：同時必須追求節能，而且所有核電廠必須是國營的，所有水力發電的利潤需100%課稅。
- 立即停止任何核電廠的擴張計畫，6個正在運轉中的核電廠必須接受更嚴格的規範，並於10年內關閉。

瑞典民眾踴躍參與公投，當天投票率高達75.6%；但三個提案的支持度都偏低，分別為18.9%、39.1%及38.7%，無一超過半數者。後來，瑞典國會仍然決議展開逐步廢核作

業，並明訂1980年之後不再興建新的核電廠，2010年以前需完成淘汰核電之相關工作。

瑞士

　　人口約800萬的瑞士，只要10萬人連署就可提案公投，因此瑞士人民對公投並不陌生，且常以公投來決定重大事務。1984年政府針對核電舉辦一次全國性公投，題目很簡單：未來不要再興建核電廠，結果55%反對、45%贊成，核電繼續使用，且可新建核電廠。

　　1990年9月23日又舉辦另一次公投，這次議題有二：
• 未來10年內不准新建核電廠：54.6%贊成、45.4%反對
• 逐步淘汰核電廠：47.1%贊成、52.9%反對。
此次反核者有所斬獲，瑞士在未來10年內不能再新建核電廠，但現有核電廠仍可繼續使用。

　　但反核者對可以繼續使用現有核電廠仍覺不安，故在2003年5月18日，瑞士政府再次舉辦公投，此次議題有二：
• 不要核能發電（與前次逐步淘汰核電廠意義相同）：33.7%贊成、66.3%反對。
• 不准新建核電廠的10年限期是否要延長：41.6%贊成、58.4%反對。
公投結果讓反核者大失所望，現有核電廠仍可繼續使用，且為期10年的禁建令將要解除。

　　但是，在日本福島核災後，瑞士國會在2011年9月28日表決通過逐步淘汰核電，並應於2034年前全數關廠。

立陶宛

　　立陶宛國內有兩座核電機組，分別於1983年、1987年正式商轉。因爐心和圍阻體的設計與車諾比核電廠相似，故危險性高。因此在2004年，立陶宛為了加入歐盟，並在歐盟同意支付8.2億歐元的電廠除役費用下，宣佈關閉一號機。二號機是否繼續運轉，則由2008年所舉行的公投決定，雖公投結果有89%支持核電廠繼續運轉，但因當天投票率只有48%（未過半），公投結果無效，電廠維持現狀繼續運轉。

　　2009年6月，二號機反應爐因操作錯誤而啟動自動保護系統，雖然無輻射外洩，但立陶宛總統Valdas Adamkus卻因此決定將其永久關閉。2012年10月，為因應電力需求而重啟核電的意見又起，政府再舉辦一次諮詢性公投，題目為「是否要新建核電廠」，投票率過半達52%，其中同意者佔35.23%，反對者佔64.77%；人民仍然決定不要核電。

保加利亞

　　保加利亞的Belene核電廠在1980年代開始建造，但不久隨即宣佈停工。政府為了加入歐盟，在2007年承諾關閉Kozloduy核電廠的四個機組。但為防範電力供應不足之虞，2008年贏得選舉的社會黨通過重啟建造Belene核電廠的計

畫，然在野的歐洲發展公民黨卻因重建經費超過100億歐元而大力反對。執政的社會黨因此發起公投連署，在蒐集到超過50萬人的簽名後，於2013年1月舉行公投，題目訂爲「保加利亞應該新建核電廠來發展核電」。結果雖然有61.49%同意、38.51%反對，但是投票率只有20.22%，遠低於60%的門檻，故公投無效，維持無核電狀態，新建核電廠未獲通過。

美國奧瑞岡州Trojan核電廠

1970年，美國奧瑞岡州最大的電力公司Portland General Electric（PGE），以4.5億美元在Trojan市興建1,130MW的壓水式反應爐，並於1976年正式商轉，運轉執照期限爲35年。1978年，該電廠卻因未通過聯邦的抗震標準而暫時關閉。在往後的14年間，技術與安全性問題頻傳，導致運轉與停機的時間相差不多。因此，Oregon州州民多次針對該電廠議題進行公投：

- 1980年，議題是「未來不再新建核電廠」，有53%同意（不再新建）。

- 1990年，議題是「是否同意在管制單位認定Trojan核電廠符合安全標準前，禁止其運轉？」，有59.7%反對（繼續運轉）。

- 1992年，議題是「在聯邦核廢料永久貯存場完成，以及其他相關規範符合之前，Trojan核電廠是否應停止運

轉？」，只有40.1%贊成（繼續運轉）。

　　三次公投中，有兩次要Trojan核電廠停止運轉都未能通過，其因除了PGE公司投入四百多萬美元的行銷費用力挽狂瀾、並承諾在1996年提早關廠之外，部分州民可能擔心若關閉這提供全州12%電力的電廠，將會對全州經濟造成衝擊。然而，在1992年11月6日公投之後的幾日，核電廠裡的蒸氣管線又告破裂，輻射氣體逸散。最後，先有美國核管會認定該電廠不符安全規範，後由PGE董事會評估經濟效益不敷成本後，決議永久關閉。

　　我們將第三章的兩例和本章的六例內容與結果，簡要彙整於表4.1。基本上，前述公投結果可以分成兩類：

- 公投通過廢核或關廠者有五例，如奧地利、義大利、立陶宛、保加利亞、美國加州。
- 公投同意核電持續營運者，但最後政府或經營者仍決議關廠者有三例：如瑞典、瑞士、美國奧瑞岡州。

這是一項有趣的結果：凡核電議題被提出以公投方式決定時，無論公投是否通過，都導致核電停止營運、甚至全國廢核。

表4.1　全球各國針對核電議題舉辦全國性公投之八個案例

國家	年份	議題內容	投票結果	背景
奧地利	1978	同意發展核能發電	贊成（49.53%） 反對（50.47%） 未通過	**現況：** **持續廢核**
義大利	1987	廢止國家強制在地方政府管轄土地上興建新的核電廠的權力 廢止地方政府對於核電廠或燃煤電廠的建造給予補助 廢止與外國的核能合作關係	贊成 80.6% 79.7% 71.9% 全部通過	**現況：** **持續廢核**
	2011	廢止建立新的核電廠	贊成（94.1%） 通過	
瑞典	1980	有條件逐漸淘汰核電 與(1)同，但加入更多條件 立即停止新建核電場，10年內關閉現有電廠 （議題詳細內容請見本文）	贊成 18.9% 39.1% 38.7% 三項議題均未通過	**現況：** 國會通過逐步廢核，於2010年完成關閉所有核電廠。人民贊成核電、**政府決定廢核**

國家	年份	議題內容	投票結果	背景
瑞士	1984	未來不再興建核電廠	贊成（45.0%）未通過	現況：2011年瑞士國會表決通過**逐步廢核**，並於2034年全數關廠。
	1990	10年內暫停新建核電廠逐步淘汰既有核電廠	贊成54.6%（通過）47.1%（未通過）	
	2003	不要核能發電延長興建暫停之計畫	贊成33.7%41.6% 兩項議題均未通過	
立陶宛	2008	核電廠繼續運轉	贊成（89%），但投票率未過公投門檻（48%），結果無效。	現況：**持續廢核**
	2012	要新建核電廠站	贊成（35.23%）未通過。	
保加利亞	2013	要新建核電廠以發展核能發電	贊成（61.5%）通過。但投票率20.2%，未過公投門檻	現況：仍未復工、無核電。**廢核**
美國加州Sacramento市	1989	永久關閉Rancho Seco核電廠	贊成（53.4%）通過	現況：該電廠永久關閉。**關廠**

國家	年份	議題內容	投票結果	背景
美 國 奧 瑞 岡 州 Trojan市	1980	未來不再新建核電廠	贊成（53.0%）通過	現況：後來電廠安檢未過，董事會決議關廠。**持續廢核**
	1990	是否同意在管制單位認定Trojan核電廠符合安全標準前，禁止其運轉？	贊成（40.3%）反對（59.7%）未通過	
	1992	在聯邦核廢料永久貯存場完成，以及其他相關規範符合之前，Trojan核電廠應停止運轉？	贊成（40.1%）反對（59.9%）未通過	

「註」：在網路廣搜結果，除本表所列之七個案例外，並沒有其他國家曾針對核電舉辦過公投而有結果者。雖有看到澳洲、德國和日本反核團體呼籲進行核電公投之新聞，但似乎沒有進一步的發展。

資料來源：陳錶雄、蘇彥圖、孫千蕙（2001），《核四爭議與公民投票》，新世紀智庫論壇第13期；部份內容由本書整理。

前述八件公投案例中，歐洲六國的案例均屬全國性公投，然美國則非如此。美國在全國或聯邦層次的重大議題上面，並無設公投制度，最多是以州為單位舉行公投，以城市為單位也有可能，且多採用簡單多數決（達投票人數50%就通過）。陳錶雄等人在2001年發表於新世紀智庫論壇第13期

的論文「核四爭議與公民投票」裡，整理了美國各州與核電議題相關的公投案例（見該文之表二）。由這些案例的內容可看出，各州核電公投議題的屬性多屬人民創制權的行使，議題的內容大都與核電政策走向相關，而用來複決政府所提議題者（如歐洲各國所做），幾乎未見。而該表所列13州共24案例之公投結果，幾乎一致地要求政府應更嚴格規範核電之發展，清楚地顯示美國人民對核電之憂慮逐漸加深。

大家來公投：應澄清四點疑慮

雖全球公投結果不是關廠就是廢核，但我們仍然要以客觀的立場來討論核四議題。為確保討論的客觀性，我們仿伽利略的《對話》來論述反核（如人民）和擁核（如政府）兩造，對核四議題所可能持有的各種看法與作法。

首先，以反核者的觀點看，台灣島上不應設置核電廠的理由既簡單又明顯。如圖4.1所示，台灣北部（含桃園）地區人口超過800萬，地狹人稠的臺北市人口密度平均超過每平方公里1萬人，中和、永和地區甚至超過4萬人。在這種人口高度聚集的地區所設置的三座核電廠，正好面對東北角海域的多座海底活火山；這些被認為可能是引發1867年基隆大海嘯的元兇，若不幸再度爆發而導致七級核災，輻射塵將隨東北季風飄散至台北地區，則短期內數百萬居民要如何疏散？

長期之居住安全要如何恢復？翡翠水庫很快就會被輻射污染，大臺北地區唯一水源報廢後，臺北還有居住價值嗎？只要有一個月時間無法居住時，這600萬人何去何從？政府有能力安置嗎？若不能安置，這和亡國有何不同？若受輻射汙染的水源被民眾長期飲用，人體DNA將遭受破壞，這和滅種是否相同？這一連串問題可引出下面這根本問題：有必要為這區區6GW的核電廠（核一、二、四）冒這麼大的危險嗎？核電真的是無可取代嗎？

但以拼經濟為首要政策的政府（擁核者）可能會認為，核電廠會發生嚴重災害的機率非常小。如圖3.7所示，在過去60年來，全球所發生的七級核災只有3次，其他五級以上核災總共不超過10次，前面所說的種種悲慘情境絕對不會發生。但莫非定律說：有可能發生的事，終究一定會發生。2011年3月之前日本政府也不認為宮城縣會發生強震、海嘯或七級核災，但終究畢竟還是發生。因此，第一個疑慮，也是整體事件最重要、也是最嚴肅的問題，就可定為：核四是否安全？

1. 核四是否安全？

要取得這答案之前，反核者認為政府有責任要為下面這兩個問題釋疑：
- 如果有核安，為何美國在1979年三哩島核災後，立即停止

所有施工中或申請中的核電新建計畫？反核者的疑慮是，如果這核災只是個案，其發生的原因已經很清楚，以美國在核電技術的先進程度，應可以針對設計缺陷來解決此次核災的問題；但事實卻非如此。所以這全面停建的背後，一定仍存在許多無法解決的安全問題，才會讓這龐大的產業在一夕之間幾乎完全消失。民眾應該知道這些潛在的問題。

• 如果有核安，為何德國在2011年日本福島核災後，斷然關閉8個核電廠，並公布全國廢核計畫？反核者的疑慮是，福島核災是因地震、海嘯而起，而德國又沒地震或海嘯，為何要全面廢核？是否有其他原因讓德國政府毅然關閉總共36GW的電力機組，民眾應該知道其原因。

我們認為，這兩個問題的答案，恐怕不是以「美德兩國政府之政治操作之所必然」等政治語言可以清楚交代。台灣政府有必要為這兩問題，請公正有信譽的國際顧問公司，做出完整的報告公諸於世，讓台灣居民對核電的安全、核災的處理等，有充分了解與信任後，才能在公投事上做出正確的選擇。

在實務執行面上，反核者可進一步要求，若政府真心確實願意保證核四是絕對安全，就應先做以下兩件事：

• 為核四安全買保險，要求保險公司針對可能發生的核災所可能造成的損失，訂定生命與財產的賠償標準。

- 要求負責核四的台灣電力公司制訂災區居民疏離計畫。從四級到七級核災，都需有涵蓋不同區域的居民疏離應變計畫。

在疏離計畫方面，可參考日本福島核災的疏離計畫與執行經驗，也可參考未獲紐約州政府通過而導致關廠的長島Shoreham核電廠疏離計畫內容；後者案例中，長島面積與人口均為台灣的1/3左右，人口密集程度較接近台灣，其疏離計畫應值得借鏡。保險內容方面，可參考日本福島核災所發生的實際損失內容作為估算的根據。這保險合約和疏離計畫，都應交由主管機關核定後，列入電力公司營運合約，在法律約束下執行。

我們認為，若政府能提出具體方法來釋疑上述核安問題，則以公投讓核四運轉就應會通過且具正當性。然而，若在核安問題上，政府仍含糊其詞、立場搖擺，核四就可能遭公投判決關廠。這時，擁核的政府和反核的民眾就馬上會面臨以下兩個問題：

2. 廢核四後，台灣會缺電？電價要調升？

核四關廠所缺電力應如何取代？環保團體建議用再生能源如風力或太陽能取代，因此風力要有8GW、太陽能要有10GW的裝置容量，才能供應核四2.7GW的發電量；同時，還要有大型的儲能系統（如抽蓄發電）和高效的智慧電網才

有可能發揮像核四基載電力的功能;最困難的是,電價勢必將會提高不少。其次的選擇是以燃氣複循環發電取代,但其困難有二:電價也將提高(可參考日本因應福島核災之作法與結果)、液化瓦斯儲槽的容量需要擴大;前者需要勇氣,後者需要時間,端看執政者與人民的決心,但以目前台灣的政經環境來看,選擇燃氣電力的機會也不大。

最後,還有燃煤電力可以選擇。若能採用新款「超超臨界燃煤電廠[2]」,其電力成本與核電相當,故電價可以持平;所排放的煤灰、NOx和SOx均已有成熟技術將其控制在國際標準之下,唯溫氣排放之問題上則需特別處理。因此我們認為,在目前台灣經濟處境不佳的情況下,以燃煤取代核四應屬合適,因為這種電廠:

- 建廠時間短,可在四年內完成3GW電廠的建設,所以不會缺電[3]。

---

2 超超臨界(Ultra supercritical)意旨鍋爐蒸汽之壓力與溫度均遠超過臨界值,常可超過30MPa和600℃。電廠效率因此比一般燃煤電廠高,至少有45%以上,每度電所排放 CO_2 也可降至0.5kg以下,接近燃氣電廠標準,也符合聯合國CDM(Clean Development Mechanism)的規範。

3 根據Nikkei-Asian Review在2014年4月的報導,日本政府宣佈要在馬來西亞蓋兩座1GW的超超臨界燃煤電廠,每座造價約17.5億美元,將在2018年運轉。電廠之渦輪機將採用Toshiba產品,鍋爐則用Mitsui產品。同時,日本也和緬甸、泰國有同型的合作計畫再進行。

- 建廠經費少，3GW的建廠經費約1,500億台幣，只有核四廠的50%。

- 電廠效率高，可達47%以上，讓電力成本大幅降低，與核電相當。

如此，台灣就不會因沒核四而缺電，電價也不需調升。

　　但反煤的人會說：燃煤電廠會造成空氣汙染，廠址選取與環評都難以通過。這兩項疑慮應不存在，因為：

- 在現有核電廠區加蓋燃煤發電機組，選址與環評都不會因可能衍生其他問題而不過。

- 燃煤機組所排放的煤灰、NOx、SOx等，都已經可以有效控制在國際排放標準之內，屬成熟技術與必備規格，故不會有空氣汙染的問題[4]。

　　反煤的人還會說：增建燃煤電廠將違反台灣對國際減碳承諾。台灣在處理燃煤電廠所排放CO_2的問題上，有兩種作法來履行承諾：

（一）技術層面

- 封碳技術即將成熟：國際能源總署IEA認為，在再生能源和核融合技術仍無法供給全球足夠電力、核分裂輻射污染

4　但台電現有約9GW的燃煤電廠均屬老舊機款，在空氣汙染控制上就無這先進功能。

仍無法安全處理之前，燃煤與燃氣仍然是供應電力的最佳方法。所以，處理CO_2的捕捉與封存（Carbon Capture & Sequestration, CCS）技術，就變成目前能有效減緩全球溫升的唯一希望。IEA估計這技術在2020年可成熟商轉，所增加的電力成本約是0.8～1.2元台幣/度。屆時台灣再引進CCS技術，減碳承諾將有可能實現。

• 可支付國際碳稅以盡義務：若CCS確不可行，可選擇支付國際碳稅，以承擔責任來實現承諾。以IEA估計的碳稅合理額度60歐元／噸計，每度燃煤電力所要付的碳稅約是1.3元台幣/度，比CCS高些。

（二）政策層面：

• 縱使付了碳稅、或採用CCS而增加了電力成本，燃煤發電仍然比燃氣發電便宜。

• 台灣電力公司的燃煤電廠有許多老舊、效率不彰者，若全面以超超臨界燃煤電廠更新之，則因效率提升所減少的排碳量，應會比將核四以新款燃煤電廠取代所增加的排碳量還多。

• 減碳的責任不應只在電力部門，在其他運輸、住商、工業等部門，均可實施有效的提升效率、節電節能等手段，而產生減碳的效果。據我們估算，這三部門所能達成的減碳量，應可達目前全國排碳量的20%以上。

最後，Daniel Yergin也曾說[5]：封存CO_2所需的地下空間比儲存核廢料要大數萬倍。這比較甚不恰當，因為這不是空間大小的問題，而是所存放物質的本性與處理方式的問題。我們以下面兩點說明之：(1)CO_2是一種穩定存在於自然界（甚至人體內）的無毒、無嗅、無味物質，用來封存CO_2的地下空間純屬天然而不須特殊工程建置，且在幾年內CO_2就會與該空間的地質逐漸結合成礦石。(2)核廢料是具高輻射毒性，目前仍無法有效處理的毒物；用來儲存（應說暫存）核廢料的地下空間則需以複雜工程設計處理，常需在地底數百公尺下建構高強度的鋼筋混凝土結構體，更需高規格管理監控的實驗性空間。以空間大小來看，的確前者像足球場、後者像足球。但以空間的本質來看，前者像地球穩定存在、後者像隕石危險且極不穩定。

3. 廢核四後，建廠的費用2800億台幣，應由調漲電價來償付？

這說法誠屬合理，也有紐約長島Shoreham核電廠案例可資借鏡，故屬可行、也應如此行。但台電估計電價將因此提升1.43元台幣／度，這算法是假設該建廠損失應在一年內全

5 D. Yergin, The Quest, the Penguin Press, 2011.（能源大探索，劉道捷譯，時報出版，第88頁）

數攤提，相當沉重且不盡合理（若不幸選擇這方法，請記得一年後要將電價調降回來！）。合理的方式可仿紐約shoreham電廠案例的法院判決內容，由全國人民以40年時間，以每度電多付2.5%的費用來攤提。經我們估算，這增加的額度正是台電在核電成本結構中，所列的設備折舊以40年分攤之費用：0.75角／度。

最後，擁核人士應還會質疑，若核安無法確保，則仍有下述疑問：

4. 為何其他國家，如法國、日本，仍大規模使用核能發電？

這原因相當明顯，因為法國和日本的核電規模龐大，各有67GW和51GW的裝置容量（表3.1），排名分居全球第2和第3名。這以數十年建立起來的電力規模，難以在幾年之內就被其他技術所取代。日本在福島核災後，斷然宣佈關閉所有核電廠的作法，瞬間造成的衝擊過大（這就是典型的政治操作），當然不會成功。法國則有長期作法，預計在2030年時，全國核電將減少30%。

由上述透過反核與擁核兩造對話方式所做的論述，似乎可以看出反核者以核安考量認為核四應該關廠的理由相當具體有說服力。另一方面，政府擔心因廢核四所會產生的電力缺口，也可採用高效燃煤電力適時補足並維持電價平穩。最後，核四廢廠的損失也能以全國人民可接受的方式獲得合理

的補償。基於這些實質條件，再參照全球八件公投案例之歷
史走向，應可推論台灣這次公投會通過讓核四商轉的可能性
不高；縱使公投通過，核四還是可能躲不過關廠的命運，因
為這是全球公投案例之一致結果。

附錄：全球提前除役和正常除役機組

在本附錄中，我們蒐集全球提前與正常除役之機組資訊，分成兩表羅列之。兩表均以國家分類，各國中則羅列各機組之相關資訊。其中附表1所列之提前除役機組，我們特別查詢該機組提前除役的可能原因，以簡要註解註記於表中。附表2則羅列正常除役機組，以英國的20機組最多，其他國家則大都通過延役的申請，除役的數目相當零星。

附表 1　各國提前除役機組一覽表

國家	設置地點	機組名稱	反應器型式	平均裝置容量 (MWe)	啓用年份	關廠年份	運作期間 (年)	關廠原因	關廠原因 分類	關廠數 總計
美國	Hayes Township, Michigan	BIG ROCK POINT	BWR	67	1963	1997	35	因當時的經濟考量提前關廠（運轉期限至2000年）	經濟	27
	Hayes Township, Michigan	BONUS	BWR	17	1965	1968	4	運轉面臨技術性問題及其伴隨的成本	經濟	
	Haddam, Connecticut	CONNECTICUT YANKEE	PWR	560	1968	1996	29	董事會表決議關廠	其他	
	Crystal River, Florida	CRYSTAL RIVER-3	PWR	860	1977	2013	37	維修費用過於龐大（運轉期限至2016年）	經濟	
	Goose Lake Township, Illinois	DRESDEN-1	BWR	197	1960	1978	19	公司認為投資效益不高	經濟	
	Minnesota	ELK RIVER	BWR	22	1964	1968	5	改回廢棄物衍生燃料（RDF）發電廠之用	實驗性	
	Platteville, Colorado	FORT ST. VRAIN	HTGR	330	1979	1989	11	審查發現問題太多，如裂縫等	設備	

國家	設置地點	機組名稱	反應器型式	平均裝置容量 (MWe)	啟用年份	關廠年份	運作期間 (年)	關廠原因	關廠原因分類	關廠數總計
美國	Alameda County, California	GE VALLECITOS	BWR	24	1957	1963	7	屬於試驗性電廠	實驗性	
	Hallam, Nebraska	HALLAM		75	1963	1964	2	包覆材料有問題，維修的效益不高	經濟	
	Eureka, California	HUMBOLDT BAY	BWR	63	1963	1976	14	1976年為了更新燃料及抗震能力而關閉，後來核安要求範圍經過修改，公司認為經濟效益不高而未久關閉	經濟	
	Buchanan, New York	INDIAN POINT-1	PWR	257	1962	1974	13	緊急爐心冷卻系統不符合管制規定	設備	
	Carlton, Wisconsin	KEWAUNEE	PWR	566	1974	2013	40	雖申請延役20年（運轉期限延役至2033年）成功，但公司因經濟考量而關閉	經濟	
	Genoa, Wisconsin	LACROSSE	BWR	48	1969	1987	19	廠站過小，不符合經濟效益	經濟	
	Wiscasset, Maine	MAINE YANKEE	PWR	860	1972	1997	26	1995年NRC的審查發現很多問題，但因應費用太大而關廠	經濟	

國家	設置地點	機組名稱	反應器型式	平均裝置容量 (MWe)	啟用年份	關廠年份	運作期間 (年)	關廠原因	關廠原因分類	關廠數總計
美國	Waterford, Connecticut	MILLSTONE-1	BWR	641	1971	1998	28	1995年NRC的審查發現很多問題，因應費用大高	經濟	
	Peach Bottom Township	PEACH BOTTOM-1	HTGR	40	1967	1974	8	因為人員問題，由NRC要求關閉	設備	
	Spring Creek Township, Ohio	PIQUA		12	1963	1966	4	因控制棒及冷卻問題而關閉	設備	
	Herald, California	RANCHO SECO-1	PWR	873	1975	1989	15	1989年公眾投票	公投	
	San Diego County, California	SAN ONOFRE-1	PWR	436	1968	1992	25	抗震能力不足	設備	
		SAN ONOFRE-2	PWR	1070	1983	2013	31	2012年因例行性的燃料裝填及反應爐更換，暫時關閉，爾後發現大量蒸汽管線嚴重磨損，重啟計畫持續受挫，公司決定關閉（運轉期限至2022年）	設備	

國家	設置地點	機組名稱	反應器型式	平均裝置容量(MWe)	啟用年份	關廠年份	運作期間(年)	關廠原因	關廠原因分類	關廠數總計
美國		SAN ONOFRE-3	PWR	1080	1984	2013	30	2012年發生放射性蒸汽外洩，依標準程序關閉之後發現大量管線嚴重磨損，重啟計畫持續受挫，公司決定關閉（運轉期限至2022年）	設備	
	Bedford County, Pennsylvania	SAXTON	PWR	3	1967	1972	6	屬於研究試驗性電廠	實驗性	
	Harrisburg, Pennsylvania	THREE MILE IS-LAND-2	PWR	880	1978	1979	2	因三哩島事件而關閉	災害	
	Columbia County, Or-egon	TROJAN	PWR	1095	1976	1992	17	1992年曾有地方性表決，但未通過。後來電廠蒸管線洩漏問題頻繁，且NRC報告指出電廠不安全而被迫關閉	設備	
	Rowe, Mas-sachusetts	YANKEE ROWE	PWR	167	1961	1991	31	與Vermont Yankee相同有安全及汙染問題，最後因經濟效益不符而關閉（運轉期限至1997年）	經濟	
	Zion, Illinois	ZION-1	PWR	1040	1973	1998	26	電廠的蒸汽產生器維修費用太高（運轉期限至2013年）	經濟	
		ZION-2	PWR	1040	1974	1998	25		經濟	

國家	設置地點	機組名稱	反應器型式	平均裝置容量 (MWe)	啟用年份	關廠年份	運作期間 (年)	關廠原因	關廠原因分類	關廠數總計
英國	Gloucester-shire	BERKELEY-1	GCR	138	1962	1989	28	經濟效益不再	經濟	7
		BERKELEY-2	GCR	138	1962	1988	27		經濟	
	Caithness, Scotland	DOUNREAY DFR	FBR	11	1962	1977	16	屬於階段性實驗電廠	實驗性	
		DOUNREAY PFR	FBR	234	1976	1994	19		實驗性	
	Trawsfynydd, Gwynedd	TRAWSFYNYDD-1	GCR	195	1965	1991	27	反應器壓力槽的焊接或發生問題	設備	
	Gwynedd	TRAWSFYNYDD-2	GCR	195	1965	1991	27		設備	
	Cumbria	WINDSCALE AGR	GCR	24	1963	1981	19	屬於試驗性電廠，是全世界首宗完全除役的電廠	實驗性	
烏克蘭	Chernobyl	Chernobyl-1	LWGR	1000	1978	1996	19	其他	其他	4
		Chernobyl-2	LWGR	1000	1979	1991	13	1991年Reactor 2發生火災而關閉，其他也陸續關閉	災害	
		Chernobyl-3	LWGR	1000	1982	2000	19		其他	
		Chernobyl-4	LWGR	1000	1984	1986	3	車諾比事件	災害	
瑞典	Farsta, Stockholm	AGESTA	PHWR	10	1964	1974	11	屬於「the Swedish line」國際計畫，希望用天然鈾做為商用電廠的燃料。後因不經濟而關閉	經濟	3
	Barsebäck	BARSEBACK-1	BWR	600	1975	1999	25	政府能源政策所致，朝向替代能源發展	政策	
		BARSEBACK-2	BWR	600	1977	2005	29		政策	

國家	設置地點	機組名稱	反應器型式	平均裝置容量 (MWe)	啟用年份	關廠年份	運作期間 (年)	關廠原因	關廠原因分類	關廠數總計
西班牙	Almonacid de Zorita	JOSE CABRERA-1	PWR	141	1969	2006	38	由政府的工業貿易暨旅遊部門決定關門	政策	3
	Santa Maria de Garoña	SANTA MARIA DE GARONA	BWR	446	1971	2013	43	為了逃避新上路的能源稅而暫時關閉	政策	
	Vandellòs	VANDELLOS-1	GCR	480	1972	1990	19	1989年管線破裂產生漏油而發生火災，維修費用過高而關閉	經濟	
斯洛伐克	Trnava District	BOHUNICE A1	HWGCR	93	1972	1977	6	1977年裝填燃料時發生事故，因而關閉	災害	3
		BOHUNICE-1	PWR	408	1980	2006	27	因迫於加入歐盟的條件而於2004年關閉電廠。	政策	
		BOHUNICE-2	PWR	408	1981	2008	28	2009年俄烏斜紛而影響電力供給，曾經企圖重啟但未竟	政策	
俄羅斯	Sverdlovsk Oblast	BELOYARSK-1	LWGR	102	1964	1983	20	1977年與1978年事故頻傳，	災害	2
		BELOYARSK-2	LWGR	146	1969	1990	22	輻射污染嚴重	災害	
荷蘭	Dodewaard	DODEWAARD	BWR	55	1969	1997	29	屬於研究型電廠	實驗性	1
立陶宛	Visaginas municipality	IGNALINA-1	LWGR	1185	1983	2004	22	當作加入歐盟的條件	政策	2
		IGNALINA-2	LWGR	1185	1987	2009	23	當作加入歐盟的條件	政策	

國家	設置地點	機組名稱	反應器型式	平均裝置容量 (MWe)	啟用年份	關廠年份	運作期間 (年)	關廠原因	關廠原因 分類	關廠數 總計
義大利	Caorso	CAORSO	BWR	860	1981	1990	10	依照1987年公投結果而關閉	公投	4
	Frenchtown Charter Township, Michigan	ENRICO FERMI	PWR	260	1965	1990	26	依照1987年公投結果而關閉	公投	
	Sessa Aurunca	GARIGLIANO	BWR	150	1964	1982	19	政治因素	政策	
	Latina, Lazio	LATINA	GCR	153	1964	1987	24	原本延役至1992年，但因車諾比事件而關閉	其他	
德國	Jülich	AVR Jülich	HTGR	13	1969	1988	20	屬於實驗性電廠	實驗性	26
	Biblis	Biblis A	PWR	1167	1975	2011	37		政策	
		Biblis B	PWR	1240	1977	2011	35		政策	
	Brunsbüttel	Brunsbüttel	BWR	771	1977	2011	35	日本福島事件之後，德國政府決定廢核，將1981以前座核電廠當中的8座關閉	政策	
	Isar	Isar 1	BWR	878	1979	2011	33		政策	
	Geesthacht	Krümmel	BWR	1346	1984	2011	28		政策	
	Neckarwestheim	Neckarwestheim 1	PWR	785	1976	2011	36		政策	

國家	設置地點	機組名稱	反應器型式	平均裝置容量 (MWe)	啟用年份	關廠年份	運作期間 (年)	關廠原因	關廠原因分類	關廠數總計
德國	Philippsburg, Karlsruhe	Phillipsburg 1	BWR	890	1980	2011	32		政策	
	Kleinensiel	Unterweser	PWR	1345	1979	2011	33		政策	
	Greifswald	Greifswald 1	PWR	408	1974	1990	17	東西德統一之後，西德的安全標準擊敗商，東德的核電廠	經濟	
		Greifswald 2	PWR	408	1975	1990	16		經濟	
		Greifswald 3	PWR	408	1978	1990	13	基於更新成本問題而關閉	經濟	
		Greifswald 4	PWR	408	1979	1990	12		經濟	
		Greifswald 5	PWR	408	1989	1990	1	原在試驗階段，隨著機組1-4關閉	經濟	
	Ostprignitz-Ruppin	Rheinsberg	PWR	62	1966	1990	25	東西德統一之後，關閉東德的核電廠	經濟	
	Karlstein am Main	HDR Grosswelzheim	BWR	25	1970	1971	2	屬於實驗性電廠	實驗性	
	Kleve	Kalkar KNK 2	FBR	17	1979	1991	13		實驗性	
	Lower Saxony	Lingen	BWR	183	1968	1977	10	發生非安全性事故而關閉	其他	
	Rhine	Mülheim-Kärlich	PWR	1219	1987	1988	2	建物許可證問題	設備	
	Karlsruhe	MZFR	PHWR	52	1966	1984	19	屬於實驗性電廠	實驗性	

國家	設置地點	機組名稱	反應器型式	平均裝置容量(MWe)	啓用年份	關廠年份	運作期間(年)	關廠原因	關廠原因分類	關廠數總計
德國	Niederaichbach	Niederaichbach	HWGCR	100	1973	1974	2	因PWR和BWR型式發展快速而被淘汰	設備	
	Lower Saxony	Stade	PWR	640	1972	2003	32	德國確立逐步淘汰核電法案之後，首座關閉的電廠	政策	
	Hamm-Uentrop	THTR 300	HTGR	296	1987	1988	2	熱氣輸送管有問題而停止運轉，其費用過高，公司鄰近破產	經濟	
	Karlstein am Main	VAK Kahl	BWR	15	1962	1985	24	屬於實驗性電廠	實驗性	
	North Rhine-Westphalia	Würgassen	BWR	640	1975	1994	20	經濟因素	經濟	
	Gundremmingen, district of Günzburg, Bavaria	Gundremmingen A	BWR	237	1967	1977	11	1975年及1977年發生嚴重事故而關閉	災害	
法國	Bugey, Saint-Vulbas	BUGEY-1	GCR	540	1972	1994	23	抗震功能不足	設備	12

國家	設置地點	機組名稱	反應器型式	平均裝置容量（MWe）	啟用年份	關廠年份	運作期間（年）	關廠原因	關廠原因分類	關廠數總計
法國	Avoine, French Indre et Loire	CHINON A-1	GCR	70	1964	1973	10		經濟	
		CHINON A-2	GCR	180	1965	1985	21	經濟效益不高	經濟	
		CHINON A-3	GCR	360	1966	1990	25		經濟	
	Chooz, Ardennes	CHOOZ-A (ARDENNES)	PWR	305	1967	1991	25	由於政府單位 Électricité de France（EDF）計畫而關閉	政策	
	Brennilis	EL-4 (MONTS D'ARREE)	HWGCR	70	1968	1985	18		實驗性	
	Chusclan and Codolet	G-2 (MARCOULE)	GCR	39	1959	1980	22	屬於實驗性電廠	實驗性	
		G-3 (MARCOULE)	GCR	40	1960	1984	25		實驗性	
	Gard	PHENIX	FBR	130	1974	2010	37	政治因素	政策	
	Saint-Laurent-Nouan	ST. LAURENT A-1	GCR	390	1969	1990	22	經濟效益不高	經濟	
		ST. LAURENT A-2	GCR	465	1971	1992	22		經濟	
	Creys-Malville	SUPER-PHENIX	FBR	1200	1986	1998	13	1996年為了維修暫時關廠，隔年政府宣布費用過高，不再重啟	經濟	
加拿大	Kincardine, Bruce County, Ontario	Douglas Point	PHWR	206	1968	1984	17	運轉效益不高且更新費用高	經濟	6
	Bécancour, Quebec	Gentilly 1	HWLWR	250	1972	1977	6	技術性問題頻傳	設備	

國家	設置地點	機組名稱	反應器型式	平均裝置容量（MWe）	啓用年份	關廠年份	運作期間（年）	關廠原因	關廠原因分類	關廠數總計
加拿大	Pickering, Durham Region, Ontario	Gentilly 2	PHWR	635	1983	2012	30	成功延役至 2040 年，但由於經濟因素而關閉	經濟	
		Pickering A2	PHWR	515	1971	1997	27	Atomic Energy Control Board 要求更新緊急關閉系統，但是相關費用過於龐大	經濟	
		Pickering A3	PHWR	515	1972	1997	26		經濟	
	Rolphton, Ontario	Rolphton NPD	PHWR	22	1962	1987	26	屬於實驗性電廠	實驗性	
保加利亞	Kozloduy	Kozloduy 1	PWR	408	1974	2002	29	在美國 DOE 1995 年報告中被列為世界上最危險的十個核電廠之一	其他	4
		Kozloduy 2	PWR	408	1975	2002	28		其他	
		Kozloduy 3	PWR	408	1981	2006	26	審查發現有安全問題	設備	
		Kozloduy 4	PWR	408	1982	2006	25		設備	
亞美尼亞	Metsamor	Armenia 1	PWR	376	1977	1989	13	1988 年發生地震，雖然沒有發生災害，但基於安全考量而關閉	其他	1
日本	My jin-ch	FUGEN ATR	HWLWR	148	1979	2003	25	2002 年 4 月 8 日，大約 200 立方公尺的蒸汽從破裂的管嘴噴出，電廠隨即關閉	災害	11

國家	設置地點	機組名稱	反應器型式	平均裝置容量 (MWe)	啟用年份	關廠年份	運作期間 (年)	關廠原因	關廠原因分類	關廠數總計
日本	Futaba, Fu-kushima	FUKUSHIMA-DAIICHI-1	BWR	439	1971	2011	41		災害	
		FUKUSHIMA-DAIICHI-2	BWR	760	1974	2011	38	福島核災，廠房爆炸，爐心發生熔毀情形	災害	
		FUKUSHIMA-DAIICHI-3	BWR	760	1976	2011	36		災害	
		FUKUSHIMA-DAIICHI-4	BWR	760	1978	2011	34		災害	
		FUKUSHIMA-DAIICHI-5	BWR	760	1978	2013	36	福島核災時未受損，但2013年12月18日董事會決定關廠。	其他	
		FUKUSHIMA-DAIICHI-6	BWR	1067	1979	2013	35		其他	
	Omaezaki, Shizuoka	HAMAOKA-1	BWR	515	1976	2009	34	處於地震斷層之上，被列為日本最危險的核電廠	其他	
		HAMAOKA-2	BWR	806	1978	2009	32		其他	
	Tōkai	JPDR	BWR	12	1965	1976	12	屬於實驗性電廠	實驗性	
	Tōkai, Ibaraki	Tōkai-1	GCR	137	1966	1998	33	效率不高且發電量小	經濟	
總計										116

「註」：BWR（Boiling Water Reactor）：沸水式反應爐、PWR（Pressurized Water Reactor）：壓水式反應爐、HTGR（High Temperature Gas-cooled Reactor）：高溫氣冷式反應爐、GCR（Gas Cooled Reactors）：氣冷式反應爐、FBR（Fast Breeder Reactor, or Fast Neutron Breeder Reactor）：快中子滋生爐、LWGR（Light Water Graphite Reactor）：輕水冷卻石墨緩和式反應爐、HWGCR（Heavy Water Gas-cooled Reactor）：重水氣冷式反應爐、HWLWR（Heavy-water-moderated, Gas-cooled Reactor）：重水緩和、沸騰輕水反應爐、PHWR（Pressurized Heavy Water Reactor）：壓水式重水反應爐、SGHWR（Steam Generating Heavy Water Reactor）：蒸汽產生重水反應爐。

資料來源：IAEA Power Reactor Information System
　　　　　http://www.iaea.org/PRIS/CountryStatistics/CountryStatisticsLandingPage.aspx

附表2　各國正常除役機組一覽表

國家	設置地點	機組名稱	反應器型式	平均裝置容量（MWe）	啓用年份	除役年份	運作期間	除役數總計
美國	Beaver County, Pennsylvania	SHIPPINGPORT	PWR	60	1958	1982	25	1
英國	Bradwell-on-Sea, Essex	BRADWELL-1	GCR	123	1962	2002	41	20
		BRADWELL-2	GCR	123	1962	2002	41	
	Seascale, Cumbria	CALDER HALL-1	GCR	49	1956	2003	48	
		CALDER HALL-2	GCR	49	1957	2003	47	
		CALDER HALL-3	GCR	49	1958	2003	46	
		CALDER HALL-4	GCR	49	1959	2003	45	
	Dumfries and Galloway	CHAPELCROSS-1	GCR	48	1959	2004	46	
		CHAPELCROSS-2	GCR	48	1959	2004	46	
		CHAPELCROSS-3	GCR	48	1959	2004	46	
		CHAPELCROSS-4	GCR	48	1960	2004	45	
	Kent, South East England	DUNGENESS A-1	GCR	225	1965	2006	42	
		DUNGENESS A-2	GCR	225	1965	2006	42	
	North Ayrshire, Scotland	HUNTERSTON A-1	GCR	150	1964	1990	27	
		HUNTERSTON A-2	GCR	150	1964	1989	26	
	Gloucestershire	OLDBURY A-1	GCR	217	1967	2012	46	
		OLDBURY A-2	GCR	217	1968	2011	44	
	Cumbria	WINFRITH SGH-WR	SGH-WR	92	1968	1990	23	
	Suffolk, East of England	SIZEWELL A-1	GCR	210	1966	2006	41	
		SIZEWELL A-2	GCR	210	1966	2006	41	
	Anglesey	WYLFA-2	GCR	490	1972	2012	41	

國家	設置地點	機組名稱	反應器型式	平均裝置容量（MWe）	啟用年份	除役年份	運作期間	除役數總計
俄羅斯	Obninsk	APS-1 OBNINSK	LWGR	5	1954	2002	49	3
	Novovoronezh, Voronezh Oblast	NOVOVORONE-ZH-1	PWR	197	1964	1988	25	
		NOVOVORONE-ZH-2	PWR	336	1970	1990	21	
德國	Baden-Württem-berg	Obrigheim	PWR	340	1969	2005	37	1
比利時	MOL	BR-3	PWR	10	1962	1987	26	1
哈薩克	Mangystau Province	AKTAU	FBR	52	1973	1999	27	1
總計								27

資料來源：IAEA Power Reactor Information System
http://www.iaea.org/PRIS/CountryStatistics/CountryStatistics-
LandingPage.aspx
〔註：近年來全球正常除役機組數量甚多，發生次數頻繁，
故本表可能並未收納全部機組〕

延伸閱讀

- J. Aron, Licensed To Kill?: The Nuclear Regulatory Commission and the Shoreham Power Plant, University of Pittsburg Press, 1998.

- A. H. Batten, "Aristarchos of Samos," Journal of Astronomical Society of Canada, Vol 75, No. 1, 1981.

- B. Billig & B. Pohnka, The Nuclear Catastrophe, www.euro-nuclear.org, 2011.

- B. Cox & J. Forshaw, Why Does E=MC2 (And Why Should We Care?), Da Capo Press, 2009（中譯本：為什麼E=MC^2？探索時空、質量之源與希格斯粒子，李琪譯，貓頭鷹出版社）

- R. Feynman, Six Not-So-Easy Pieces: Einstein's Relativity, Symmetry, and Space-time, California Institute of Technology, 1997（費曼的6堂Easy相對論，師明睿譯，天下文化出版社）

- R. L. Garwin & G. Charpak, Megawatts and Megatons: The Future of Nuclear Power and Nuclear Weapons, University of Chicago Press, 2002.

- F. G. Goxling, The Manhattan Project: Making the Atomic Bomb, National Security History Series, US Department of Energy, 2010.

- G. Hecht, The Radiance of France - Nuclear Power and National Identity after WWII, MIT Press, 1998.

- C. E. Hummel, The Galileo Connection: Resolving Conflicts between Science and Bible, (Chinese version), Campus Evangelical Fellowship, 2002.（中譯本：自伽利略之後─聖經與科學之糾葛，聞人傑等譯，校園書房）

- M. Irvine, Nuclear Power: A Very Short Instroduction, Oxford, 2011.

- J.-P. Maury, "Newton et la mecanique celeste," 1995.（中譯本：牛頓─天體力學的新紀元，林成勤譯，時報出版）

- J. Neffe, Einstein - Eine Biographie, Rowohlt Verlag GmbH, Hamburg, 2005.（中譯本：愛因斯坦，馬懷琪、陳琦合譯，五南出版社）

- D. T. Pollard, Worldwide Nuclear Power Plant Guide - Country, Number of Reactors and Location, www.DTPollard.com, 2011.

- B. C. Reed, The History and Science of the Manhattan Project, Springer, 2007.

- M. Schneider, A. Froggatt & J. Hazemann, The World Nuclear Industry Status Report 2012, A Mycle Schneider Consulting Project, Paris, London, 2012.

- S. Tanzer, S. Dolley and P. Leventhal, Nuclear Power and the

Spread of Nuclear Weapons: Can We Have One without the Other? Potomac Books Inc, 2002.

- R. Watts, Public Meltdown -- The Story of the Vermont Yankee Nulcear Power Plant, White River Press, MA, 2012.

- A. D. While, History of the warfare of science with theology in christendom, Blackmask Online (http:\\www.blackmask.com), 2002.

- R. K. Wilcox, Japan's Secret War, Marlowe & Co., 1995.

- T. Woo, Atomic Information Technology: Safety and Economy of Nuclear Power Plants, Springer-Verlag London, 2012.

- D. Yergin, The Quest, the Penguin Press, 2011.（能源大探索，劉道捷譯，時報出版）

- "Carbon Dioxide and Climate: A Scientific Assessment," A report of Woods Hole, Massacusetts, The National Academy Press, 1979.

- "Complete Guide to the Three Worst Nuclear Power Plant Accidents: Fukushima 2011, Three Mile Island 1979, and Chernobyl 1986 - Authoritative Coverage of Radiation Releases and Effects," A US Government Report, Progressive Management, 2011.

- 齊藤勝裕，想知道的核能與放射性物質，（黃郁婷譯）晨星出版社，2012。

- 尤廣建，愛因斯坦是怎樣創建相對論，牛頓出版社，1992。
- 山本大二郎 ，倫琴傳，（文都蘇譯）中國陝西科學技術出版社，1982。

國家圖書館出版品預行編目資料

核能關鍵報告／陳發林著． ――初
版．――臺北市：五南，2014.08
　面；　公分.
ISBN 978-957-11-7760-1 (平裝)
1.核能　2.核能發電　3.文集
449.107　　　　　　　103015387

5A98

核能關鍵報告

作　　者 ― 陳發林 (271.4)
發 行 人 ― 楊榮川
總 編 輯 ― 王翠華
主　　編 ― 王正華
責任編輯 ― 金明芬
封面設計 ― 簡愷立
出 版 者 ― 五南圖書出版股份有限公司
地　　址：106台北市大安區和平東路二段339號4樓
電　　話：(02)2705-5066　傳　真：(02)2706-6100
網　　址：http://www.wunan.com.tw
電子郵件：wunan@wunan.com.tw
劃撥帳號：01068953
戶　　名：五南圖書出版股份有限公司
台中市駐區辦公室/台中市中區中山路6號
電　　話：(04)2223-0891　傳　真：(04)2223-3549
高雄市駐區辦公室/高雄市新興區中山一路290號
電　　話：(07)2358-702　傳　真：(07)2350-236
法律顧問　林勝安律師事務所　林勝安律師
出版日期　2014年8月初版一刷
定　　價　新臺幣280元